工业强基

光存储一条龙

主编　朱宏任　陈玉涛

编著　中国企业联合会
　　　全国工业和信息化科技成果转化联盟

电子工业出版社·
Publishing House of Electronics Industry
北京·BEIJING

内 容 简 介

本书从我国信息安全的基本形势作为切入点，系统介绍了信息安全的产业政策和相关科技计划，重点对光存储产业的发展历程、发展现状、未来的技术发展趋势进行了深入分析，并提出存储安全将成为信息安全的重要方面。本书力求贴近现实，融合最新政策及实际案例，适合信息存储和信息安全的相关企业，以及关注信息安全的相关人士使用。

图书在版编目（CIP）数据

工业强基光存储一条龙 / 朱宏任，陈玉涛主编；中国企业联合会，全国工业和信息化科技成果转化联盟编著． —北京：电子工业出版社，2018.8

ISBN 978-7-121-34900-3

Ⅰ.①工… Ⅱ.①朱… ②陈… ③中… ④全… Ⅲ.①信息安全—研究 Ⅳ.① G203

中国版本图书馆 CIP 数据核字（2018）第 185835 号

策划编辑：祁玉芹
责任编辑：祁玉芹
印　　刷：中国电影出版社印刷厂
装　　订：中国电影出版社印刷厂
出版发行：电子工业出版社
　　　　　北京市海淀区万寿路 173 信箱　邮编　100036
开　　本：710×1000　1/16　印张：13.75　字数：196 千字
版　　次：2018 年 8 月第 1 版
印　　次：2023 年 3 月第 2 次印刷
定　　价：88.00 元

编 委 会

前　言

工业基础能力不强已成为制约我国工业转型升级和高质量发展的瓶颈；尤其是在一些关键领域，工业基础薄弱，严重影响到我国的国家竞争力。加快提升工业基础能力，推进工业强基，是增强我国工业核心竞争力的迫切任务，是实现我国工业由大变强的客观要求，也是在开放环境下应对贸易摩擦，提升我国国际竞争力的根本途径。

国家高度重视提升工业基础能力。从 2011 年开始，中华人民共和国工业和信息化部（以下简称"工信部"）在《工业转型升级规划》中将提升工业基础能力作为推动工业转型升级的重要举措，随后在 2014 年制定发布的《加快推进工业强基的指导意见》中提出"工业强基工程"，组织实施了工业强基专项行动计划。2015 年，"工业强基工程"被列为支撑制造强国战略规划的基础工程之一，写入《中共中央关于制定国民经济和社会发展第十三个五年规划的建议》。2016 年，工信部等四部委联合制定发布了《工业强基工程实施指南（2016—2020 年）》（以下简称《指南》）。《指南》提出了"工业强基工程"的五大重点任务，其中提出要开展重点产品示范应用，实施重点产品、工艺"一条龙"应用计划，充分发挥市场的重要作用，促进整机（系统）和基础技术互动发展，协同研制计量标准，建立上中下游互融共生、分工合作、利益共享的一体化组织新模式，推进产业链协作。

存储器应用广泛、市场庞大，是国家的战略性高技术产业，也是"一条龙"应用计划之一。当前，存储器技术发展正面临技术及产品多元化的新机遇，光存储作为三大存储介质之一，是存储器产业发展的重要一环。与其他存储技术相比，光存储在信息存储安全、能耗、寿命、成本等方面具有比较明显的优势，而这四个方面契合了大数据对数据存储技术持续性发展的要求。一些数据量大、对数据安全要求高的部门和行业也在寻求数据存储技术的多元化，部分地方政府、公共事业单位和企业已经运用光存储进行数据容灾备份，一些重点行业如银行、档案馆等也越来越多地运用光存储技术进行数据备份。近几年，光存储技术发展迅速，一些前沿技术已经取得了重大进展，产业化趋势日渐明朗，这给我国在光存储领域突破技术壁垒带来了机会。

本书系统整理了相关产业政策，对光存储产业发展的来龙去脉、技术发展趋势、产业链情况进行了梳理，旨在介绍国家相关政策，为政府部门、行业协会、行业上下游企业及社会有关方面提供信息支持。由于我们水平和时间有限，不足之处在所难免，恳请专家和读者批评指正。

全国工业和信息化科技成果转化联盟

2018 年 6 月

目　录

第四章　光存储产业发展过程及技术特征 75

第一章　信息安全概述

◆ 基本内涵

◆ 分类及主要厂商

◆ 关键信息基础设施安全和自主可控是信息安全的
重要方面

◆ 我国信息安全市场发展现状

◆ 我国安全市场的发展态势分析

第一节　基 本 内 涵

信息安全可以分为狭义安全与广义安全两个层次。狭义的安全建立在以密码论为基础的计算机安全领域，广义的信息安全从传统的计算机安全拓展到信息系统的安全，包括硬件、软件、数据、人、物理环境及其基础设施受到保护，不受偶然的或者恶意的原因而遭到破坏、更改、泄露，系统可连续可靠正常运行，信息服务不中断，最终实现业务连续性。一般而言，网络安全五要素如下所述。

（1）机密性。确保信息不暴露给未经授权的人或应用进程。

（2）完整性。只有得到允许的人或应用进程才能修改数据，并且能够判别出数据是否已被更改。

（3）可用性。只有得到授权的用户在需要时才可以访问数据，即使在网络被攻击时也不能阻碍授权用户对网络的使用。

（4）可控性。能够对授权范围内的信息流向和行为方式进行控制。

（5）可审查性。当网络出现安全问题时，能够提供调查的依据和手段。

目前，不少人对信息安全的认知仍然停留在网络安全的范畴内。事实上，信息安全涉及更多维度，如电磁安全。安全性的自主可控等早已成为信息安全的重要内容，而且伴随着大数据时代的到来，信息的存储安全也越来越得到人们的重视。

我国真正意义上从全国范围内重视信息安全只有十多年时间，其发展轨迹大致可分为三个阶段（如图1.1）。

萌芽阶段（2005年之前）：国内各行业和部门开始萌生信息安全意识，逐渐认识到信息安全的重要性，开始有意识地学习和积淀信息安全相关知识，与国内外领域内的权威企业交流，了解信息安全技术、理念、产品、服务及建设理念。

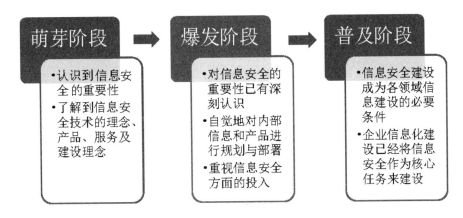

图 1.1　信息安全发展轨迹划分

爆发阶段（2005—2014 年）：国内各行业、政府各部门对于信息安全的建设和意义已有了较为深刻的认识，很多行业部门开始对内部信息安全建设展开规划与部署，企业信息化过程中对信息安全系统的投资力度不断加大，人们对信息安全，特别是网络安全的重视程度空前提高。这一时期涌现出了众多以网络安全为主要业务的科技公司并生产出了众多信息安全产品。

普及阶段（2014 年以后）：当信息安全建设与企业整体信息化建设融合后，信息安全建设已经成为各领域行业信息建设的必要条件。在企业的信息化建设中，信息安全已成为核心任务之一。相比之前，人们对网络安全的认识更加全面，人们对数据存储安全、软件系统、计算架构等环节的重视程度普遍提升。特别是 2014 年 2 月 27 日中央网络安全和信息化领导小组[①] 的成立，体现了中国全面深化改革、加强顶层设计的意志，显示出在保障网络安全、维护国家利益、推动信息化发展方面的决心。

---

① 2018 年 3 月中国共产党中央委员会根据《深化党和国家机构改革方案》将中央网络安全和信息化领导小组改成中共中央直属议事协调机构，中国共产党中央网络安全和信息化委员会。

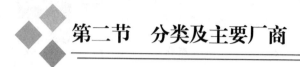

第二节 分类及主要厂商

信息安全产品众多，体系复杂。从防护环节上可以划分为电磁安全、网络安全、应用安全、数据安全、自主可控等多类产品，而每类产品又会有不同的细分门类（如图1.2）。以网络安全为例，其下可以划分为安全网关、安全监测、安全对抗、安全审计、安全平台、内容安全六小类，每个小类中又有不同的产品。

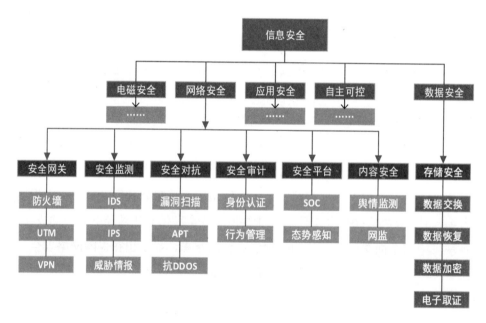

图1.2 信息安全市场细分门类

信息安全产品还可以细分为硬件、软件以及服务三类（见表1.1）。安全硬件产品又可分为安全认证与安全应用。其中安全认证产品包括安全令牌、智能卡和生物认证；安全应用包括防火墙、入侵检测系统IDS、入侵防御系统 IPS、统一威胁管理 UTM、安全内容管理 SCM 和内容与行为审计。安全软件产品包括身份认证与访问控制、安全与脆弱性管理、内容安全与威胁管理等。安全服务包括咨询服务、实施服务、维护服务和培训服务等。当前信息安全产品市场中，信息安全硬件占比较大，连续多年占据安全产品市场的半壁江山。

表 1.1 信息安全产品分类

安全硬件产品	防火墙、IDS、IPS、UTM、SCM、安全审计、智能卡、生物认证、安全令牌、数据存储介质等
安全软件产品	身份认证与访问控制、安全与脆弱性管理、内容安全与威胁管理、其他安全软件
安全服务	咨询服务、实施服务、维护服务、培训服务

资料来源：公开资料，联盟整理。

目前信息安全类产品的市场细分程度较高，不同的细分市场领域有相应的专业厂商，见表 1.2。

表 1.2 信息安全细分市场领域企业分布

内容安全与威胁管理	赛门铁克、瑞星、趋势科技、卡巴斯基、金山、360
身份管理与访问控制	吉大正元、上海格尔、IBM、EMC
安全性与漏洞管理	绿盟科技、IBM、启明星辰、HP
防火墙	天融信、H3C、华为、思科等
入侵检测系统	启明星辰、绿盟科技、东软、安氏领信
统一威胁管理	华为、H3C、山石网科、飞塔
安全内容管理	深信服、网康科技、H3C、绿盟科技
信息安全管理平台	慧点科技、启明星辰、网御神州、东软、McAfee、天融信
存储安全	紫晶存储、华录、互盟、长江存储、国科微、同有、雷科、宏杉等

资料来源：行业公开资料，联盟整理（排序不分先后）。

从应用领域来看，网络安全行业的市场被细分为政府、电信、金融、教育、能源等多个领域，其中，政府、电信、金融等行业占据信息安全市场中大半份额，合计占比59.3%。但随着各行各业的业务系统逐步网络化，网络安全在下游行业全面开花（如图1.3）。

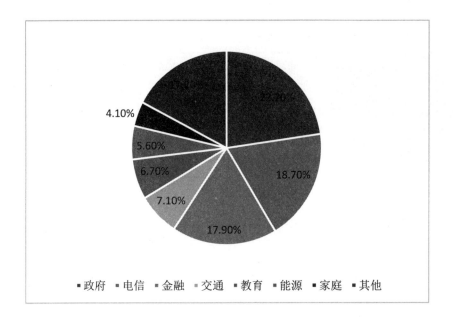

图1.3 2015年中国信息安全市场细分行业占比

国家对未来网络空间安全建设的思想和方向已经确立，网络空间安全维护推动国家投入，技术升级推动主动防御和态势感知投入，数据安全和应用安全的市场规模还将进一步扩大，系统扩展带动云端和终端需求增长，这一系列变化会使我国的网络安全行业在未来几年中保持持续较快增长。

第三节 关键信息基础设施安全和自主可控是信息安全的重要方面

党的十八大以来，以习近平同志为核心的党中央，高度重视网络安全和信息化工作，将其提升到前所未有的高度。2014年2月27日中央网络安全和信息化领导小组的成立，标志着我国把信息化和网络信息安全列入了国家发展的最高战略，体现出了国家对信息安全工作的顶层设计和在保障网络安全、维护国家利益、推动信息化发展方面的坚定决心。

2017年6月1日，《中华人民共和国网络安全法》（以下简称《网络安全法》）实施，标志着中国网络治理的法制化进程进一步推进。《网络安全法》由7个章节、79项条款组成，旨在监管网络安全、保护个人隐私和敏感信息，维护国家的网络空间主权和安全。

（一）保障关键信息基础设施的安全是国家信息安全战略的重要内容

2014年2月27日，中央网络安全和信息化领导小组第一次会议中提出，建设网络强国，要有良好的信息基础设施，形成实力雄厚的信息经济，要完善关键信息基础设施保护等法律法规。其中，关键信息基础设施涉及的重点领域包括政府、银行、证券、保险、电力、石油天然气、石化、煤炭、铁路、民航、公路、广播电视、国防军工、医疗卫生、教育、水利、环境保护等行业，涉及城市轨道交通、供水供气供热等市政领域。其范围涵盖了国家安全、经济安全和保障民生等方面。

人们的日常生活越来越依靠这些关键基础设施的正常运转，信息空间已经成为国家主权的延伸，成为继领土、领海、领空之外的"第四空间"。这些领域也是网络攻击的重要目标。

国家计算机网络应急技术处理协调中心（简称国家互联网应急中心，CNCERT）2018 年 4 月发布了《2017 年我国互联网网络安全态势综述》（以下简称《综述》）。2017 年，CNCERT 抽取 1 000 余家互联网金融网站进行安全评估检测，发现包括跨站脚本漏洞、SQL 注入漏洞等网站高危漏洞 400 余个，存在严重的用户隐私数据泄露风险；对互联网金融相关的移动 APP 抽样检测，发现安全漏洞 1 000 余个，严重威胁互联网金融的数据安全、传输安全等。2017 年国家信息安全漏洞共享平台（CNVD）所收录的安全漏洞数量持续走高。2017 年较 2016 年收录安全漏洞数量增长了 47.4%，达 15 955 个，收录安全漏洞数量达到历史新高。其中，高危漏洞收录数量高达 5 615 个（占 35.2%）。

保障关键信息基础设施安全是网络安全的重要组成部分，这直接影响到国计民生、社会稳定，甚至国家安全。因此不少国家都出台了相关法律、法规来保护关键基础设施安全，保护内容涉及国计民生的各个行业，如表 1.3 所示。

表 1.3　国外信息安全保障情况

国别	重点领域	组织机构
美国	目前美国的关键基础设施和主要资源部门包括：（1）信息技术；（2）电信；（3）化学制品；（4）商业设施；（5）大坝；（6）商用核反应堆、材料和废弃物；（7）政府设施；（8）交通系统；（9）应急服务；（10）邮政和货运服务；（11）农业和食品；（12）饮用水和废水处理系统；（13）公共健康和医疗；（14）能源；（15）银行和金融；（16）国家纪念碑和象征性标志；（17）国防工业基地；（18）关键制造业	美国联邦政府负责信息安全保障工作的最高官员是网络安全协调官，他领导白宫"网络安全办公室"，该办公室负责制订和发布国家信息安全政策。美国信息安全管理部门包括：国土安全部（DHS）、国家安全局（NSA）、国防部（DOD）、联邦调查局（FBI）、中央情报局（CIA）、国家标准技术研究所（NIST）6 个机构，具体执行不同的分管职责。同时，美国重视国家机构与企业间的合作，包括国家基础设施顾问委员会（NIAC）、信息共享和分析中心（ISAC）、网络安全全国联盟（NCSA）等

国别	重点领域	组织机构
英国	英国的关键基础设施包括：（1）通信；（2）应急服务（救护、消防、警察、营救等）；（3）能源（电力、石油等）；（4）金融；（5）食品；（6）政府和公共服务；（7）公共安全；（8）健康（医疗保健、公共卫生）；（9）交通；（10）水处理	英国负责基础设施保护的机构是国家基础设施安全保护中心（CPNI），它是负责信息安全工作的跨部门机构，运行着英国的计算机应急响应小组。信息保障中央主办局和民事应急局是英国负责信息安全工作的重要政府机构
德国	2015 年 7 月 10 日德国联邦参议院通过了《联邦信息技术安全法》，对能源、信息与通信、交通运输、卫生保健、供水、食品以及金融保险等行业中被认定为关键基础设施的运营者进行重点保护	联邦信息技术安全局（BSI）作为国家信息安全主管机构，除了原有的保障联邦信息技术安全的职能外，它将作为个人、企业、行政机构、政界之间有关信息技术安全对话沟通的主要职能部门；在欧盟和国际层面，联邦信息技术安全局将作为德国信息技术和网络安全问题的国家级对话机构
日本	日本国家信息安全中心制订并颁布了《关键基础设施信息安全措施行动计划》，其中对关键基础设施的概念做出了明确的界定，即由提供高度不可代替且对人民社会生活和经济活动不可或缺的服务的商业实体组成，如果其功能被暂停、削弱或根本无法运行，人们的社会生活和经济活动会遭受重大破坏。其中规定关键部门包括十类：电信、金融、民航、铁路、电力、燃气、政务、医疗、水利和物流	日本关键信息基础设施保护的组织机构体系已经逐步建立。其中，内阁秘书处是负责日本政府关键基础设施和信息安全的重要部门，国家信息安全中心（NISC）和信息安全政策中心（ISPC）于 2005 年建立，是制订关键基础设施保护政策的核心组织。此外，日本警察局主要负责关于网络犯罪监控等事务，内务和通信部主要负责通信及网络政策相关的事务，经济、贸易和工业部主要负责信息技术政策方面的事务，国防部主要在网络领域维护国家安全，上述部门在关键基础设施保护方面协助内阁秘书处处理相关事务

资料来源：公开资料，联盟整理。

2016 年 4 月 19 日，习近平总书记在网络安全和信息化工作座谈会上明确要求，要树立正确的"网络安全观"，加快构建关键信息基础设施安全保障体系，全天候全方位感知网络安全态势，增强网络安全"防御能力和威慑能力"。2017 年 6 月 1 日正式实施的《中华人民共和国网络安全法》通过"网络安全等级保护制度""用户信息保护制度""关键信息基础设施重点保护制度"三种形式，对网络服务提供者的相关义务和责任做出了规范。法令从国家、行业、运营者三个层面，分别规定了国家职能部门、行业主管部门及运营企业等各相关方在关键信息基础设施安全保护方面的责任与义务。法令还明确了关键信息基础设施安全保护中各方实体的责任义务，推动责权清晰的管理体系建设。其中，关键信息基础设施的运营者应当履行的安全保护义务有如下 5 项。

（1）设置专门的安全管理机构和安全管理负责人，并对相关负责人和关键岗位的人员进行安全背景审查。

（2）定期对从业人员进行网络安全教育、技术培训和技能考核。

（3）对重要系统和数据库进行容灾备份。

（4）制订网络安全事件应急预案，并定期进行演练。

（5）法律、行政法规规定的其他义务。

（二）自主可控是我国信息安全的核心

信息安全工作有一个"短板理论"，在硬件、系统、网络交织成的信息安全网中，任何环节存在漏洞，整个体系就有漏洞，牵一发而动全身。安全不能靠别人，要靠自己，我们要有自己可控的软硬件系统。

在信息技术领域，我国"自主可控"能力依然很低。目前国内金融、电信、政府等关键领域的信息系统主要依托国外品牌产品构筑，在国家信息安全方面存在着极大威胁。没有自主知识产权的关键技术和产品，就没有自主可控的信息系统。

自主可控既包括 CPU、主板、硬盘、电源等硬件产品，也包括操作系统、应用软件等软件产品，还要求在可信计算、安全存储、计算机底层安全防护、虚拟化等关键领域拥有核心技术，做到从产品到解决方案的全面自主可控（如图 1.4）。

图 1.4　自主可控的三个维度

目前，我国的信息安全工作面临的主要问题有以下三个。

一是自主核心技术产业发展困境不减。我国网络安全形势很严峻，很多硬件不能自主可控，国外产品有漏洞或安全问题我们不了解。近年来，我国自主核心技术产业取得了一定进展，但在技术、产品等方面同国外 IT 巨头差距依然较大，产业发展困难重重。计算机操作系统几乎都不是我国自己研发的，我们很难掌握其中的安全问题，以"龙芯＋国产操作系统＋配套应用软件"为核心的"龙芯产业链"模式长期无法建成，无法建立完备的产业生态。

二是部分企业自主可控技术研发动力不足。自主可控技术的研发需要大量人力、物力、财力为保障，国家扶持力度不够或企业研发及市场能力不足。同时，某些大型跨国企业更倾向于对全球资源进行整合而非进行自主可控技术研发，并且由于其主要市场都在国外，全力推行国产化，会导致其海外业务受损，这也在一定程度上削弱了企业研发自主可控技术的积极性。

三是国产化进程遭遇外部阻力。中国银行保险监督管理委员会原计划推进银行业 IT 安全新规，要求向国内银行出售 IT 系统设备的企业将源代码送交银监会备案，并在中国设立技术研究或服务中心等。对此，先是美国财政部带头要求中国暂停银行业网络安全新规，之后美国、日本和欧洲的 31 家商会联名写信给中央网络安全和信息化委员会，表达"强烈担忧"，迫于国外政府和企业的巨大压力，银监会被迫暂缓实施该计划。

（三）存储器自主可控是数据安全的基础

大数据时代的背景下，信息化的建设成为国家战略，数据安全已经与政治安全、经济安全、国防安全、文化安全共同成为国家安全的重要组成部分。

数据安全至少包括两方面含义：一是数据本身的安全，主要是指采用现代密码算法对数据进行主动保护，如数据保密、数据完整性、数据不可篡改性、双向强身份认证等；二是数据防护的安全，主要是采用现代信息存储手段对数据进行主动防护，如通过磁盘阵列、数据备份、异地容灾等手段保证数据的安全，数据安全是一种主动的保护措施。

威胁数据安全的因素有很多，常见的有：硬盘驱动器损坏、人为失误、黑客、病毒、信息窃取等。随着计算机存储的信息越来越多，而且越来越重要，为防止计算机中的数据意外丢失，一般都采用许多重要的安全防护技术来确保数据的安全。常用和流行的数据安全防护技术有磁盘阵列、数据备份等。

服务器、网络、存储是数据中心的"三大件"，随着我国信息化建设自主可控进程的深入，服务器、网络设备的自主化已经取得阶段性进展。然而，国产自主可控存储技术的发展还存在一定的发展瓶颈，表现为存储架构、CPU 和系统软件积累不足，传输协议受制于人、存储介质无法实现专项定制等，严重制约了国产化自主可控存储技术的发展。

为了摆脱信息技术受制于人的局面，从根本上解决计算机及网络信息安全隐患问题，我国加大了相关领域的科研投入，并先后出台了一系列激励政策。其中，信息技术列为《高技术研究发展计划纲要》的重大项目，处理器和操作系统等计算机关键软硬件列入《国家中长期科学和技术发展规划纲要（2006—2020）》中的"核高基"重大科技专项，给予了重点支持。此外，国家制定了《进一步鼓励软件产业和集成电路产业发展的若干政策》《国家集成电路产业发展推进纲要》和中国智能制造发展规划等相关政策与发展规划。

存储技术作为 IT 基础设施之一，是数据安全的基础。存储领域的自主可控也一直是国家和从业者的努力方向，从存储底层架构突破、从高端存储突破、从存储核心软件突破，中国存储厂商一直在积极尝试，并且积累了一定的核心技术，在部分领域存在突围的可能。

（四）中兴事件为我国信息安全产业敲响了警钟

进入 2018 年，中美贸易战爆发。美国制裁中国中兴通讯公司的事件极大地震惊了世界，也警醒国人。这一事件凸显了在关键核心技术领域实现自主知识产权的重要性。可以预期，未来中国将加快前沿技术研发和薄弱环节突破，在通信行业中 5G 技术和高速光电芯片、通信芯片等领域，加速自主核心技术的研发及布局。

2016 年 4 月，习总书记在网络安全和信息化工作座谈会上指出：互联网核心技术是我们最大的"命门"，核心技术受制于人是我们最大的隐患。

存储领域也是如此，我国存储芯片严重依赖进口，年度进口存储芯片的金额曾达 680 亿美元。国内存储芯片的研发、量产已经取得了一些进展，但总体来看仍处于起步阶段。无论是半导体存储、磁存储还是光存储领域，核心技术、重要专利仍主要掌握在海外厂商手中。我国在存储器领域的发展依然面临着很多问题，国外对相关领域的封锁只会越来越严重，要想实现国产存储器产业的发展，工业强基工程势在必行。

此次中美贸易战的进程提醒我们，关键领域的知识产权必须牢牢掌握在自己手中。虽然在当前社会不可能将所有知识产权纳入手中，但一定要注重知识产权的保护工作，通过技术研发、知识产权交易等方式实现知识产权的实质性积累，达到知识产权自主可控的目标。

第四节　我国信息安全市场发展现状

（一）全球安全市场发展情况

2013 年 6 月，"棱镜门"丑闻曝光，暴露出了国家间网络空间博弈的现实性和残酷性，也引起了全世界对网络安全问题的格外关注。此后，全球网络安全威胁仍呈现爆发性增长的态势，各类网络攻击和网络犯罪的现象屡屡发生，并且呈现攻击手段多样化、工具专业化、目的商业化、行为组织化等特点。

2017 年 5 月 12 日，WannaCry 勒索病毒在全球爆发，它以类似于蠕虫病毒的方式传播，攻击主机并加密主机上存储的文件，然后要求以比特币的形式支付赎金。WannaCry 爆发后，至少 150 个国家、30 万用户"中招"，造成损失达 80 亿美元，已经影响到金融、能源、医疗等众多行业，造成严重的危机管理问题。中国部分 Windows 操作系统用户遭受感染，校园网用户首当其冲，受害严重，大量实验室数据和毕业设计文档被锁定加密。部分大型企业的应用系统和数据库文件被攻击、加密后，无法正常工作，影响巨大。

近年来，以信息及数据泄露、网络攻击为首的各类信息安全事件层出不穷，愈演愈烈，影响到人类社会生活的方方面面，尤其是分布式拒绝服务（DDoS）攻击威胁与高级可持续性威胁（APT）的连续发生，严重影响了基础网络的稳定运行。

面对日益严峻的网络空间安全威胁，国际信息安全环境的建设得到世界各国的重视和持续投入，全球的信息安全市场迎来了高速发展时期。从市场规模来看，2017 年全球信息安全产品与服务支出达到 870 亿美元，相比 2016

年增长 7%，预计 2018 年支出将增长至 945 亿美元（如图 1.5）。从全球区域分布来看，以美国为主导的北美市场仍然占据全球最大的市场份额。根据 2017 年第二季度"网络安全创新 500 强"名单，排名前 10 的网络安全公司中，美国公司占据了 7 个席位，表现出强大的国际竞争力。以中国、日本和印度为代表的亚太地区，受益于近期国家安全战略的发布及日益增长的信息安全需求，市场也呈现出高速发展的态势。

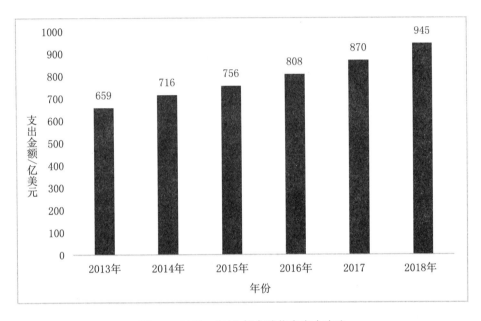

图 1.5   2013—2018 年全球信息安全支出

（二）我国信息安全市场规模

根据 IDC 的预测，未来几年中国网络安全市场增速有所放缓（见表 1.4），但年增长率仍在 20% 以上，其中 2016 年安全市场规模为 33.54 亿美元。2017 年中国网络安全市场的年增长率约为 23.9%，低于 2016 年。而未来 4 年的年均增长率也不会超过此值，总体上呈现逐年略有下降的趋势。2017 年的市场规模约为 41.56 亿美元。

表 1.4 中国网络安全市场发展规模测算

单位：百万美元

年份	安全服务	安全硬件	安全软件	规模	增速
2016	876	1855	623	3354	29.4%
2017	1095	2347	714	4156	23.9%
2018	1357	2974	842	5173	24.5%
2019	1651	3751	986	6388	23.5%
2020	1993	4692	1155	7840	22.7%
2021	2386	5836	1359	9581	22.2%

数据来源：根据 IDC 相关数据测算，联盟整理。

与国外成熟市场相比，我国的安全市场还存在一些问题，表现形式为：企业发展水平较低，中国企业的产品通常还集中在某一个点或某一个面上，还没有形成完备的产业链和生态体系，从基础软件到应用软件，从网络设备到服务器等还不成体系。主要体现在以下三个方面。

首先，产品种类繁多，行业规范需进一步统一。与发达国家相比，我国信息安全领域的产品标准以及跨领域的安全标准研究仍有待加强，国家网络与信息安全标准体系有待完善。信息产业包含成千上万的从业者、各种供应商，以及各类软件、硬件设备，因此，从上游的电信运营商到下游的信息企业公司，应建立统一的规范标准。

其次，网络信息安全核心技术有待加强。核心元器件、核心设备、核心软件系统长期依赖国外，自己未掌握核心生产能力、核心技术的研发能力，导致信息安全核心元器件、核心设备乃至产业发展均受制于人。国产基础软件尤其是核心产品如操作系统、浏览器等基本上都依附西方技术标准，没有自己的编程语言和开发工具。安全防御技术落后，对高级别复杂性威胁应对能力不足。在 APT 攻击检测和防御方面，我国技术实力较弱，目前尚不能及时发现 APT 攻击，无法对其分析取证，难以掌握整个攻击过程，并缺乏有效的反击手段。在 DDoS 攻击防护方面，国外安全服务提供商采用相应技术手段来分解攻击，保证每一个单点的处理能力和切换都是可控的，而我国目前只能靠单点的大带宽来承受攻击；应对大数据、云计算等新兴技术网络安全风险的能力不足。移动互联网、云计算、物联网等新兴技术促使互联网环境更加复杂，通过互联网交互的数据包数量更加庞大，因此涌现出的新网络问题、安全问题、业务问题等都需要有相应的网络产品、安全产品支撑，我国在这方面的技术能力仍有待加强。

最后，网络信息安全高端人才匮乏。英特尔公司安全研究团队发布的报告显示，美、英、法、德等 8 个国家的 71% 的企业表示，由于安全人才匮乏，每年都会因网络攻击而产生重大经济损失。权威数据显示，最近 3 年，我国高校学历教育培养的信息安全专业人才仅有 3 万余人，不足 70 万需求的 5%。预计到 2020 年，需求量将达到 140 万人，而现在每年培养的人数，尚不足 1.5 万人。由于薪酬和福利等吸引人才的条件不足，传统安全企业的大量人才流到国外企业或者腾讯、百度、阿里巴巴等业绩优异的互联网公司，顶尖安全专家更显匮乏。

（三）信息安全产业链

信息安全产业链（如图 1.6）上主要包括信息安全产品提供商及信息安全系统集成商。产品提供商又可以分为硬件、软件产品提供商，其一方面直接将产品通过直销或分销模式销售给最终客户，另一方面也将产品销售给信息安全系统集成服务商；信息安全系统集成服务商则服务于行业或大型企业用户。

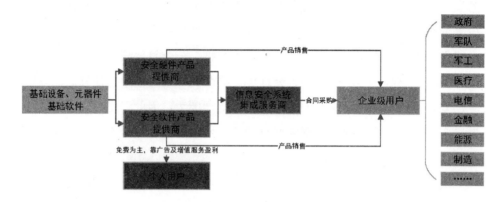

图 1.6　信息安全产业链

　　整体来看，我国安全市场起步较晚、基础相对薄弱，虽然网络信息安全企业众多，但产品通常还集中在某一个点或某一个面上，行业内的企业多以信息安全产品为主，产品同质化现象严重，尚未形成完备的生态体系。除产品同质化的问题外，我国安全市场结构（如图 1.7）也不合理，安全硬件比例过高，安全服务比例与国外相比尚有较大增长空间。

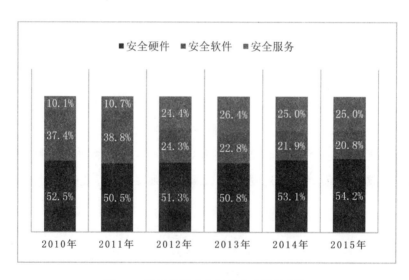

图 1.7　我国信息安全行业产业结构变化

数据来源：IDC，联盟整理。

在发达国家与全球的信息安全市场中，安全服务早已成为份额最大的细分市场。按照全球的信息安全市场的发展轨迹，我国信息安全行业的产业结构仍有很大的调整空间，信息安全服务这一细分市场蕴藏着巨大的发展潜力。

从图1.8可以看出，我国的安全市场结构仍需改变，目前我国安全硬件占比较大。互联网的普及、信息消费市场规模的扩大和社会安全意识的觉醒，使信息安全服务的需求总体呈明显的增长态势。信息安全服务，作为行业加速发展的新引擎，将会成为企业利润的新增长点。

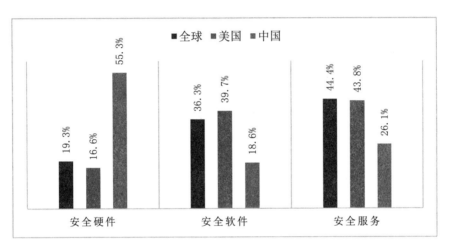

图1.8 2016年我国安全市场结构与全球、美国比较

资料来源：IDC，联盟整理。

（四）我国存储产业发展情况

存储行业主要向企业用户提供数据存储、数据保护和容灾服务。存储行业是近年来伴随着网络化、数字化和虚拟化等信息技术的兴起而快速发展的高科技朝阳行业。与磁盘、磁带等存储介质制造行业和移动硬盘、闪存等移动存储行业相区别，存储行业主要通过向企业用户提供数据存储、数据保护和容灾服务的产品和解决方案，帮助其构建或优化存储系统，从而满足用户

在保存、保护和管理数据等方面的需求，实现数据的安全存储、高可用性和业务连续性等目标。

1. 市场规模预测

根据 IDC 的统计，2014—2016 年，中国外部存储市场的市场规模分别为 19.81 亿美元、22.62 亿美元和 24.88 亿美元，增长率分别为 14.2%、14.2% 和 10.0%；出货容量分别为 3 394.8PB[①]、5 752.0PB 和 8 059.4PB，增长率分别为 92.5%、69.4% 和 40.1%，占据全球市场份额分别为 7.1%、11.1% 和 9.6%，仅次于美国，位列全球第二大外部存储市场。

根据 IDC 的预测，2017—2021 年，中国外部存储市场的市场规模（如图 1.9）可以达到 26.97 亿美元、29.24 亿美元、31.53 亿美元、33.74 亿美元和 36.04 亿美元，未来五年平均增长率可以达到 7.7%，政府、金融、电信行业将始终占据较大份额，教育和医疗行业将会有较大增长，而电信行业增长有限。

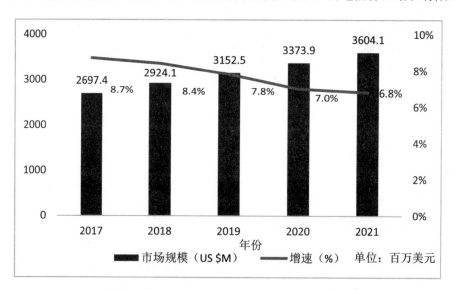

图 1.9　中国外部存储市场规模预测 2017—2021 年

数据来源：IDC，联盟整理。

----

① PB：拍字节，存储单位。1PB=1024TB，1TB=1024GB，…，1PB=2^{50} 字节。

存储行业是信息产业中最具持续成长性的领域之一。在信息化趋势下，随着电子政务、物联网、三网合一、云计算、安防监控、数字化医院、数字化校园、自动化办公等在国民经济各领域应用的日益普及，数据量呈爆炸式增长；随着"大数据"应用、数据挖掘、商业智能、协同作业等技术的成熟，数据价值呈指数上升。在此背景下，无论是国家经济运转还是百姓日常生活，都和数据息息相关，必然导致存储（包括数据存储、数据保护和容灾服务等领域）需求的持续增长，使得存储行业成为信息产业中最具持续成长性的领域之一。预计到 2021 年国内存储行业收入将达到 36 亿美元。

2. 细分市场增长情况

根据 IDC 的统计，从细分行业市场规模来看，2016 年中国外部存储市场中，政府、金融、电信行业的市场规模位列前三，分别为 6.55 亿美元、3.56 亿美元和 2.99 亿美元，增长率分别为 13.9%、10.9% 和 1.3%，占据市场份额分别为 29.74%、16.16% 和 13.56%。

从细分行业市场增速来看，2016 年中国外部存储市场中，建筑、传媒、医疗、教育、政府行业的增长较为强劲，增长率分别为 56.3%、21.8%、18.2%、15.8% 和 13.9%，高于行业平均增长率（10.5%），市场规模分别为 2 100 万美元、9 000 万美元、1.03 亿美元、1.41 亿美元和 6.55 亿美元。

分行业来看，传媒行业自 2015 年呈现出快速增长的趋势，各地广电系统开始接受采用分布式存储系统搭建统一媒体资源库的方案，从而带动了存储厂商在该领域的高速增长。金融行业在经历了 2013—2015 年的低速增长后开始加快发展，各大银行的"两地三中心"[①] 建设以及核心系统升级推动了 2016 年整体金融行业的增长，自 2013 年以来首次高于市场平均增长率。此外，政府、教育、医疗也是推动 2016 年企业级存储发展的重点行业。

---

① "两地三中心"是指银行系统的两地——同城、异地；三中心——生产中心、同城容灾中心、异地容灾中心。

3. 主要厂商

国外厂商占据存储行业主要份额，个别国内厂商增长迅速：存储行业内的主要企业包括 EMC、IBM、HP、Dell、HDS、Sun、NetApp、H3C、Fujitsu、华赛（Huawei-Symanted）、同有科技（Toyou）、浪潮（Inspur）、联想（Lenovo）、创新科（UIT）、邦诺（Brainaire）、紫晶存储、华录、互盟等厂商。目前，国际厂商占据了国内存储市场的大部分份额。受进入时间、品牌知名度和技术等原因影响，国内厂商市场份额较小，但近年来部分优秀的国内存储厂商增长十分迅速，个别厂商已进入市场份额前十名。

当前国内存储市场大部分份额为国外厂商占据，预计随着国内厂商存储技术的发展以及国内市场对国内产品认同程度的提升，伴随行业内生的增长，市场份额有望进一步扩大。目前国内公司中，华为是存储领域技术最强的一家，在金融、电信等技术要求较高的领域份额也最大。规模较大的还有浪潮、同有科技、曙光，以及以技术见长的宏杉等。在光存储领域，国内存储厂商数量较少，并且没有明显的巨头。同时，中国电子信息产业集团、中国航天集团等也有不少下属院所自行研发基于国产芯片的存储器。目前存储行业正面临云计算带来的分布式存储技术，以及闪存和相变存储、光存储等新技术的革新，未来本土存储市场的格局尚未完全清晰。

第五节 我国安全市场的发展态势分析

（一）云安全、可信计算将是信息安全重要发展方向

过去的信息安全主要采用"隔离"作为安全的手段，具体分为物理隔离、内外网隔离、加密隔离，实践证明这种隔离手段针对传统 IT 架构起到了有效的防护作用。同时以隔离为主的安全体系催生了一批以硬件销售为主的安全公司，例如，各种 FireWall（防火墙）、IDS/IPS（入侵检测系统/入侵防御系统）、WAF（Web 应用防火墙）、UTM（统一威胁管理）、SSL 网关、加密机等。

在这种隔离思想下，并不需要应用系统提供商参与较多的信息安全工作，在典型场景下是由总集成商负责应用系统和信息安全之间的集成的，而这导致了长久以来信息安全和应用系统相对独立的态势，尤其在国内这两个领域的交集并不大。至此形成，传统信息安全表现出分散化、对应用系统的封闭化、硬件盒子化的三个特征。

但随着云计算的兴起，这种隔离为主体思想的传统信息安全体系在新的 IT 架构中已经日益难以应对了。在美国国家标准技术研究院（NIST）公布的规范中，云计算被分为三层，SaaS 解决了应用软件的即买即开即用，IaaS 解决了承载应用所需计算资源的动态变化，而 PaaS 解决了应用系统在全生命周期变化所带来的问题。[①]

2014 年，IDC 提出，信息技术第三平台将引领信息安全发展方向。所谓信息技术第三平台，即以移动设备和应用为核心，以云服务、移动网络、大数据分析、社交网络技术为依托的全新格局。移动设备、云计算、移动网络

---

① SaaS——软件即服务；IaaS——基础设施即服务；PaaS——平台即服务。

的普及催生了移动安全、云安全等新的信息安全领域，目前我国包括腾讯、百度、阿里巴巴等在内的互联网巨头，以及电信运营商等都在纷纷抢滩布局。作为云计算技术的延伸，大数据分析技术也将顺势发展，为检测安全威胁和分析安全数据提供新的技术手段。而新型"APT攻击"（高级持续性攻击）使用户面临前所未有的网络安全威胁，大数据分析通过全面采集网络中包括原始网络数据包、业务和安全日志等各种数据，形成大数据库，再通过大数据分析技术和智能分析算法来检测"APT攻击"，进而完成防御和破解功能。

可信计算是一种运算和防护并存主动免疫的新计算模式，可信计算安全的起点、基础以及强度相比传统安全技术有本质的区别。可信计算基于硬件密码芯片，从平台加电开始，到应用程序执行，构建完整的信任链，逐级认证，未获认证的程序不能执行，从而使信息系统实现自身免疫，构建起高安全等级的主动防御体系。

可信计算通过建立基于可信第三方的监控技术，可以有效地监控云服务的执行，解决云服务的可信性问题；通过基于可信根支撑的隔离技术，可以在云环境中建立起具有可信保障的多层隔离防线，为虚拟机提供安全可信的隔离环境，通过在防御体系的各层面建立保护机制、响应机制和审计机制之间的策略联动来实现信息安全。

（二）数据安全市场规模将快速增长

尽管我国政府和企业十分重视并不断加强网络空间的安全保障，但境外针对我国政府等重要领域的有组织的网络攻击仍在持续。"互联网＋"、云计算、大数据等新应用也引发新的安全风险，大型互联网商业平台安全事故呈现高发态势，针对个人数据的网络犯罪呈现组织化和产业化的特征，一系列重大安全事件仍然频发。并且随着信息化的发展，数据安全威胁持续上升，带动数据安全产品需求增长。由于黑客攻击手段日趋多元化，以及内部安全隐患的隐存，针对物理层和运行层的防护不足以化解漏洞和攻击，数据层面的保护成为必须。

IBM 与 Ponemon Institute 做的数据泄露成本研究报告显示，企业的平均数据泄露总成本从 379 万美元增至 400 万美元，自 2013 年以来，数据泄露总成本增加了 29%；至于包含敏感和机密信息的记录，每条丢失或被盗记录的平均成本则从 2015 年的 154 美元增至 158 美元，自 2013 年以来，每条记录平均成本增加 15%。

大部分数据泄露由恶意或犯罪攻击导致。现在，大部分的网络安全事件是信息泄露。随着数据泄露安全事件的频繁发生，我国对信息安全建设的基础设施不断完善，预计以数据安全为核心的信息安全应用市场会成为行业的增长点，其成长速度将高于整体行业。预计 2020 年数据安全市场规模将超过 70 亿元（如图 1.10），数据安全市场前景广阔。

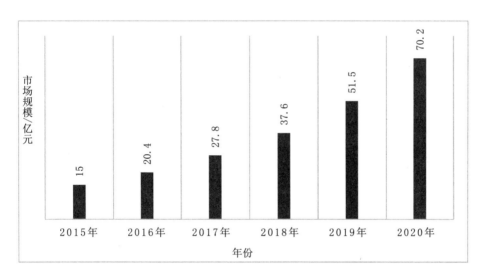

图 1.10　2016—2020 年中国数据安全市场规模及预测

数据来源：根据现有市场规模及增长率（30%）推算，联盟整理。

目前，数据安全领域国外企业仍占据技术优势，美国 Gartner 机构评选的全球领导企业包括了 Symantec、Forcepoint、Intel Security 等。国内参与者则有信息安全方面领先的企业，如启明星辰、绿盟科技、天融信等；在细分领域具有技术优势的企业，如明朝万达、北信源、优炫软件等。国内一些中小企业以提供关键软件产品起家，通过并购、产业合作、自主拓展等方式，进入综合解决方案领域，随着相关国内企业受益政策全面推进、自主可控进程等因素，信息安全方面的龙头企业有望获得快速发展。

（三）存储安全的重要性日益凸显

"勒索病毒"的出现，让我们重新对数据安全存储重视起来。多年以来，信息安全行业主要的着眼点在信息传输保护和攻击防御方面，于是产生了防火墙、VPN、IPS、UTM 等众多网络安全设备，但却在某种程度上忽视了信息安全的重要领域——信息存储安全。

信息存储安全是信息安全的主要基础之一。但是当前对信息存储安全的关注点主要集中在信息的完整性、可靠性、可用性，即对数据备份、容灾、访问性能等问题关注较多；对信息的真实性、机密性、不可抵赖性关注较少；整个信息存储领域存在着很大安全隐患。

常见的信息存储方式都存在安全风险，特别是连接到互联网的存储设备，通过互联网，入侵者或黑客可以悄声无息地窃取存储设备中的数据。常见的信息存储方式包括四类（如图 1.11）。

（1）以手机为代表的智能移动终端：保存了文档、电话簿、短信、微信、照片、视频、电子支付密码等大量信息，手机已经成为人的"第二大脑"。

（2）个人电脑（PC）和笔记本电脑：保存了个人文件、电子邮件、网络银行证书等重要的信息。

（3）服务器：保存了单位的账务信息、合同、办公邮件、技术资料、设计图纸、重要文件等，涉及单位运营的各种信息。

（4）云存储：随着云计算、智慧城市的建设，数据中心大量使用磁盘阵列设备或分布式存储设备构建云存储，其中保存了政府文件、城市水电管网、高分辨率地图、银行交易记录、电商信息、物流记录、ERP 系统数据、电子邮件、视频、照片、即时通信记录等无所不包的各类信息。

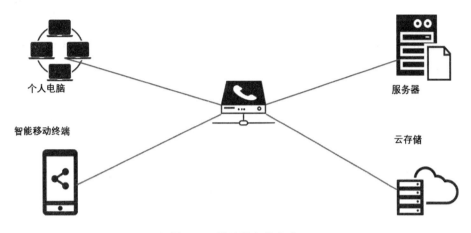

图 1.11　常见的存储方式

资料来源：行业公开资料，联盟整理。

　　相比信息传输安全，信息存储安全一旦受到威胁，会导致当前和过往的信息均被泄露，造成的危害更大，关系到政府部门、军队、石油、化工、核能、金融、交通、制造、物流、电商、水利等所有行业的发展，是我国国家安全整体战略的重要环节。国内外的敌对势力和黑客组织，已经窥测重要数据很久，也时有相关安全事件报出，如 2015 年发生多起信息存储安全事件。

　　（1）黑客组织 Equation Group，通过"硬盘固件后门"，窃取硬盘数据，涉及三星、西部数据、希捷、迈拓、东芝、日立等多家著名硬盘公司的产品，我国是世界第三大硬盘进口国，影响面巨大。

　　（2）通过攻击存储设备，窃取其中的数据库信息，被黑客称为"拖库"（英文为 Drag）。目前我国的地下"拖库"窃取数据的恶劣行径已经形成黑色产业链，年交易额可达数十亿元。

　　我国政府和企业已经认识到信息存储安全的严酷形势，在 2014 年陆续出台多项相关政策：如关键机构信息化建设中使用国产 IT 产品替换国外产品、为政府工作人员配置国产芯片安全手机等。在多个较为敏感的行业，我国也对信息安全性做了重新审视，给国产品牌带来了新发展机遇。如华为、宏杉、浪潮等信息存储产品均取得了快速发展，占据了大量存储设备市场。

　　但我国在存储产品方面起步较晚，技术积累不足，产品系列不全，尚不能形成完整的产业支撑；即使是国产品牌的存储产品，使用的存储控制芯片、存储介质等关键部件也仍然是国外产品，安全性不能保证完全可靠、可信。并且从保有量上来讲，我国目前还有数量巨大的国外存储产品，仅磁盘阵列就超过百万台，磁盘数十亿块。保存在其中的信息，全部迁移到国产品牌设备，是一项短期不可能完成的任务。因此"去 IOE 化"[①] 无法从根本上解决信息存储安全问题。

　　要解决信息存储安全问题，还是要发展好工业基础，我国工业强基工程将存储器列为"十六条龙"之一，体现了我国对存储器国产化的重视。存储器产业的发展不能将目光局限于国内大厂，或者单一的存储介质的发展，而是要通过理顺产业上下游的关系，引领国内存储产业的整体发展，使我国的存储技术在"磁、光、电"三个方向均取得明显的进步。

---

① 去 IOE 化是在竞争环境中企业届人士自创的名称，代指不用 IBM、Oracle 和 EMC 三巨头（首字母代替）的产品。这并不是一种政府行为或产业态度。

第二章 我国信息安全产业政策分析

- ◆ 行业政策概览
- ◆ 科技计划政策
- ◆ 相关研究机构与实验室

第一节　行业政策概览

当前，世界各国信息化快速发展，信息技术的应用促进了全球资源的优化配置和发展模式的创新，互联网对政治、经济、社会和文化的影响更加深刻，信息化渗透到国民生活的各个领域，围绕信息获取、利用和控制的国际竞争日趋激烈，保障信息安全成为各国重要议题。

近年来，面对日益严峻的网络空间安全威胁，美国、德国、英国、法国等世界主要发达国家纷纷出台了国家网络安全战略，明确网络空间战略地位，并提出将采取包括外交、军事、经济等在内的多种手段保障网络空间安全。近期全球频现重大安全事件，2013 年曝光的"棱镜门"事件、"RSA 后门"事件更是引起各界对信息安全的广泛关注。

2011 年 4 月，奥巴马政府发布了《美国网络空间可信身份国家战略》，首次将网络空间的身份管理上升到国家战略的高度，并着手构建网络身份生态系统。这一战略的出台，表明美国已高度认识到网络身份安全在保障网络空间安全中的重要战略地位。

网络已经成为继陆、海、空、太空之后的第五维战略空间，为了维护国家利益，中国政府把信息安全和自主可控的整体 IT 战略提升到了国家战略层面，相继出台了多个政策文件来布局和管理我国的信息安全体系。表 2.1 为近几年在信息安全领域的事件或法规。

表 2.1　近几年在信息安全领域的事件或法规

时　　间	事件或法规
2013 年 6 月	"棱镜门"事件爆发
2013 年 8 月	国务院印发《关于促进信息消费扩大内需的若干意见》

（续表）

时　　间	事件或法规
2013 年 11 月	中央国家安全委员会成立
2014 年 2 月	中央网络安全和信息化领导小组成立
2014 年 5 月	中央机关采购计算机类产品不再安装 Windows 操作系统
2014 年 7 月	国家能源局印发《电力行业网络与信息安全管理办法》
2014 年 8 月	中国政府采购部门将赛门铁克和卡巴斯基从安全软件供应商名单中剔除，中标的 5 款产品全部为国产软件产品
2014 年 8 月	美国苹果公司 10 款产品因未按照规定提交有关证明材料和承诺文件，失去进入中国政府采购名录资格
2014 年 9 月	银监会等四部委联合发布《关于应用安全可控信息技术加强银行业网络安全和信息化建设的指导意见》
2014 年 10 月	中央军委印发《关于进一步加强军队信息安全工作的意见》
2014 年 11 月	第一届国家网络安全宣传周在北京举办
2015 年 2 月	中国政府采购部门将思科从政府采购名录中剔除
2015 年 6 月	第二届国家网络安全宣传周在北京举办
2015 年 7 月	《国家安全法》通过并实施
2015 年 7 月	《中华人民共和国网络安全法（草案）》在中国人大网公布
2015 年 11 月	《中华人民共和国刑法修正案（九）》开始施行，规定了对网供者不履行法律、行政法规规定的信息网络安全管理义务的处罚措施
2015 年 11 月	首届中国互联网安全大会在北京召开
2015 年 11 月	国内首支千亿级安全发展投资基金组建
2016 年 3 月	《民用航空安全信息管理规定》通过并实施
2016 年 3 月	全国政协社法委和民革中央建议出台《国家网络安全战略》强化网络安全顶层设计，制定互联网安全立法整体规划
2016 年 3 月	信息安全主题在《十三五规划纲要（全文）》专栏 3 及第二十八章中出现

（续表）

时　　间	事件或法规
2016 年 6 月	全国信息安全标准化技术委员会第一次工作组会议在京举行，2016 年国家标准《个人信息安全规范》立项
2016 年 6 月	工业和信息化部 2016 年重点工作安排决定，组织开展电信和互联网行业网络安全试点示范工作
2016 年 7 月	中央网信办启动为期六个月的全国范围首次网络安全大检查工作
2016 年 11 月	工业和信息化部发布《工业控制系统信息安全防护指南》
2016 年 11 月	全国人大常委会通过《中华人民共和国网络安全法》
2016 年 12 月	《"十三五"国家战略性新兴产业发展规划》公布，提出要加强数据安全、隐私保护等
2016 年 12 月	国家互联网信息办公室公布《国家网络空间安全战略》，明确指出网络空间是国家主权的新疆土
2017 年 2 月	国家发展和改革委员会公布《战略性新兴产业重点产品和服务指导目录》，详细列举了网络安全产品和服务的关键类别
2017 年 6 月	《中华人民共和国网络安全法》正式实施

数据来源：公开资料，联盟整理。

信息安全被划入"十三五"重点建设方向，重要支持政策加速出台。随着近年来国内网络安全事件频繁发生，我国政府对于信息安全防护建设意识逐渐加强，政策支持力度不断提升。2016 年年初，网络安全被正式划入"十三五"规划重点建设方向，在政府未来 5 年的 100 项重大建设项目中排在第六位，政府重视程度达到前所未有的高度。随着顶层设计的快速明确，2016 年下半年开始，相关建设落实支持政策出台速度明显加快，包括《中华人民共和国网络安全法》《国家网络空间安全战略》及《战略性新兴产业重点产品和服务指导目录》在内的多项政策密集出台，强化信息安全产品指导、管理和支持。从政策趋势来看，政府对信息安全建设的支持力度持续提升。

（一）《信息产业发展指南》

2017 年 1 月 16 日，工业和信息化部、国家发展改革委正式发布《信息产业发展指南》（以下简称《指南》）。《指南》指出：到 2020 年，具有国际竞争力、安全可控的信息产业生态体系基本建立，在全球价值链中的地位进一步提升。突破一批制约产业发展的关键核心技术和标志性产品，我国主导的国际标准领域不断扩大；产业发展的协调性和协同性明显增强，产业布局进一步优化，形成一批具有全球品牌竞争优势的企业；电子产品能效不断提高，生产过程中能源、资源消耗进一步降低；信息产业安全保障体系不断健全，关键信息基础设施安全保障能力满足需求，信息安全产业链条更加完善；光纤网络全面覆盖城乡，第五代移动通信（5G）启动商用服务，高速、移动、安全、泛在的新一代信息基础设施基本建成。

形成大数据产品体系。围绕数据采集、整理、分析、发掘、展现、应用等环节，支持大型通用海量数据存储与管理软件、大数据分析发掘软件、数据可视化软件等软件产品的开发，支持海量数据存储设备、大数据一体机等硬件产品的开发；带动芯片、操作系统等信息技术核心基础产品发展，打造较为健全的大数据产品体系。

强化信息产业安全保障能力

完善网络与信息安全管理制度。加紧制定实施关键信息基础设施保护、数据安全、工业互联网安全等领域的规章和规范性文件。健全网络与信息安全标准体系，推动出台 5G、物联网、云计算、大数据、智能制造等新兴领域的安全标准。加强安全可靠电子签名的应用推广，推动电子签名法律效力认定。建立健全身份服务提供商管理制度。

明确关键信息基础设施安全保护责任，完善涉及国家安全的重要信息系统的设计、建设和运行监督机制，进一步加强对互联网企业所拥有或运营的重要网络基础设施和业务系统的网络安全监管。健全跨行业、跨部门的应急协调机制，切实提升网络与信息安全事件的预警通报、监测发现和快速处置能力。加强政府和企业之间的安全威胁信息共享。加快推动实施网络安全审查制度。

（二）《"十三五"国家战略性新兴产业发展规划》

2016年12月19日，国务院印发《"十三五"国家战略性新兴产业发展规划》。在"十三五"时期，要把战略性新兴产业摆在经济社会发展更加突出的位置，大力构建现代产业新体系，推动经济社会持续健康发展。根据"十三五"规划纲要有关部署，编制了2016—2020年的发展规划。

实施网络强国战略，加快"数字中国"建设，推动物联网、云计算和人工智能等技术向各行业全面渗透融合，构建万物互联、融合创新、智能协同、安全可控的新一代信息技术产业体系。到2020年，力争在新一代信息技术产业薄弱环节实现系统性突破，总产值规模超过12万亿元。

落实《促进大数据发展行动纲要》，全面推进重点领域大数据高效采集、有效整合、公开共享和应用拓展，完善监督管理制度，强化安全保障，推动相关产业创新发展。建立大数据安全管理制度，制订大数据安全管理办法和有关标准及规范，建立数据跨境流动安全保障机制。加强数据安全、隐私保护等关键技术攻关，形成安全可靠的大数据技术体系。建立完善的网络安全审查制度。采用安全可信产品和服务，提升基础设施关键设备安全可靠水平。建立关键信息基础设施保护制度，研究重要信息系统和基础设施网络安全整体解决方案。

大数据发展工程

整合现有资源，构建政府数据共享交换平台和数据开放平台，健全大数据共享流通体系、大数据标准体系、大数据安全保障体系，推动实现信用、交通、医疗、教育、环境、安全监管等政府数据集向社会开放。支持大数据关键技术研发和产业化，在重点领域开展大数据示范应用，实施国家信息安全专项，促进大数据相关产业健康快速发展。

（三）《促进大数据发展行动纲要》

2015年9月5日，国务院发布《促进大数据发展行动纲要》（以下简称《纲要》）。

围绕数据采集、整理、分析、发掘、展现、应用等环节，支持大型通用海量数据存储与管理软件、大数据分析发掘软件、数据可视化软件等软件产品的开发；支持海量数据存储设备、大数据一体机等硬件产品的开发；带动芯片、操作系统等信息技术核心基础产品发展，打造较为健全的大数据产品体系。大力发展与重点行业领域业务流程及数据应用需求深度融合的大数据解决方案。

大数据关键技术及产品研发与产业化工程

通过优化整合后的国家科技计划（专项、基金等），支持符合条件的大数据关键技术研发。

加强大数据基础研究。融合数理科学、计算机科学、社会科学及其他应用学科，以研究相关性和复杂网络为主，探讨建立数据科学的学科体系；研究面向大数据计算的新体系和大数据分析理论，突破大数据认知与处理的技术瓶颈；面向网络、安全、金融、生物科学、健康医疗等重点需求，探索建立数据科学驱动行业应用的模型。

大数据技术产品研发。加大投入力度，加强数据存储、整理、分析处理、可视化产品研发，加强信息安全与隐私保护等领域技术产品的研发，突破关键环节技术瓶颈。到 2020 年，形成一批具有国际竞争力的大数据处理、分析、可视化软件和硬件支撑平台等重点产品。

提升大数据服务能力。促进大数据与各行业应用的深度融合，形成一批代表性应用案例，以应用带动大数据技术和产品研发，形成面向各行业的成熟的大数据解决方案。

《纲要》提出要强化安全保障，提高管理水平，促进健康发展。加强大数据环境下的网络安全问题研究和基于大数据环境下的网络安全技术研究，落实信息安全等级保护、风险评估等网络安全制度，建立健全大数据安全保障体系。建立大数据安全评估体系。切实加强关键信息基础设施安全防护，做好大数据平台及服务商的可靠性及安全性评测、应用安全评测、监测预警和风险评估。明确数据采集、传输、存储、使用、开放等各环节保障网络安全的范围边界、责任主体和具体要求，切实加强对涉及国家利益、公共安全、商业秘密、个人隐私、军工科研生产等信息的保护。妥善处理发展创新与保障安全的关系，审慎监管，保护创新，探索完善安全保密管理规范措施，切实保障数据安全。

（四）《大数据产业发展规划（2016—2020 年）》

2017 年 1 月 17 日，工业和信息化部发布的《大数据产业发展规划（2016—2020 年）》（以下简称《规划》）提出，到 2020 年数据安全技术达到国际先进水平，国家数据安全保护体系基本建成，大数据相关产品和服务业务收入突破 1 万亿元，年均复合增长率保持 30% 左右。

《规划》部署了发展大数据产业的七项重点任务，包括强化大数据技术产品研发、深化工业大数据创新应用、促进行业"大数据"应用发展、加快大数据产业主体培育、推进大数据标准体系建设、完善大数据产业支撑体系、提升大数据安全保障能力。同时，《规划》提出了大数据关键技术及产品研发与产业化工程、大数据服务能力提升工程、工业大数据创新发展工程、跨行业"大数据"应用推进工程等8大重点工程。

针对网络信息安全新形势，加强大数据安全技术产品研发，利用大数据完善安全管理机制，构建强有力的大数据安全保障体系。

提升大数据安全保障能力

加强大数据安全技术产品研发。重点研究大数据环境下的统一账号、认证、授权和审计体系及大数据加密与密级管理体系，突破差分隐私技术、多方安全计算、数据流动监控与追溯等关键技术。推广防泄露、防窃取、匿名化等大数据保护技术，研发大数据安全保护产品和解决方案。加强云平台虚拟机安全技术、虚拟化网络安全技术、云安全审计技术、云平台安全统一管理技术等大数据安全支撑技术研发及产业化，加强云计算、大数据基础软件系统漏洞的挖掘和加固。

提升大数据对网络信息安全的支撑能力。综合运用多源数据，加强大数据挖掘分析，增强网络信息安全风险感知、预警和处置能力。加强基于大数据的新型信息安全产品研发，推动大数据技术在关键信息基础设施安全防护中的应用，保障金融、能源、电力、通信、交通等重要信息系统安全。建设网络信息安全态势感知大数据平台和国家工业控制系统安全监测与预警平台，促进网络信息安全威胁数据采集与共享，建立统一高效、协同联动的网络安全风险报告、情报共享和研判处置体系。

（五）《软件和信息技术服务业发展规划（2016—2020年）》

2017年1月17日，工业和信息化部正式发布《软件和信息技术服务业发展规划（2016—2020年）》（以下简称《规划》）。《规划》以创新发展和融合发展为主线，提出了到2020年基本形成具有国际竞争力的产业生态体系的发展目标；提出了全面提高创新发展能力、积极培育壮大新兴业态、深入推进应用创新和融合发展、进一步提升信息安全保障能力、大力加强产业体系建设、加快提高国际化发展水平六大任务；同时提出了九个重大工程，明确相关保障措施。《规划》是"十三五"时期指导软件和信息技术服务业发展的重要文件，将引导行业健康、稳定、持续发展。

《规划》确定的目标是，到2020年，业务收入突破8万亿元，年均增长13%以上，占信息产业比重超过30%，其中信息技术服务收入占业务收入比重达到55%。信息安全产品收入达到2000亿元，年均增长20%以上。

围绕信息安全发展新形势和安全保障需求，支持关键技术产品研发及产业化，发展安全测评与认证、咨询、预警响应等专业化服务，增强信息安全保障支撑能力。

发展信息安全产业。支持面向"云管端"环境下的基础类、网络与边界安全类、终端与数字内容安全类、安全管理类等信息安全产品的研发和产业化；支持安全咨询及集成、安全运维管理、安全测评和认证、安全风险评估、安全培训及新型信息安全服务发展。加快培育龙头企业，发展若干专业能力强、特色鲜明的优势企业。推动电子认证与云计算、大数据、移动互联网、生物识别等新技术的融合，加快可靠电子签名应用推广，创新电子认证服务模式。加强个人数据保护、可信身份标识保护、身份管理和验证系统等领域核心技术研发与应用推广。

完善工业信息安全保障体系。构建统筹设计、集智攻关、信息共享和协同防护的工业信息安全保障体系。以"小核心、大协作"为原则，建设国家级工业信息系统安全保障研究机构，开展国家级工业信息安全仿真测试、计算分析和"大数据"应用等技术平台建设，形成国家工业信息安全态势感知、安全防护、应急保障、风险预警、产业推进等保障能力。完善政策、标准、管理、技术、产业和服务体系，开展工业控制系统信息安全防护管理等政策及标准制定，加强工控安全检查评估，支持工业控制系统及其安全技术产品的研发，鼓励企业开展安全评估、风险验证、安全加固等服务。

信息安全保障能力提升工程

发展关键信息安全技术和产品。面向云计算、大数据、移动互联网等新兴领域，突破密码、可信计算、数据安全、系统安全、网络安全等信息安全核心技术，支持基础类安全产品、采用内容感知、智能沙箱、异常检测、虚拟化等新技术的网络与边界类安全产品、基于海量数据和智能分析的安全管理类产品，以及安全测评、Web漏洞扫描、内网渗透扫描、网络安全防护、源代码安全检查等安全支撑工具的研发和应用。加强工业信息安全保障能力建设。选取典型工业控制系统及其设备，开展工业防火墙、身份认证等重点网络安全防护产品研发和测试验证。面向石化、冶金、装备制造等行业，遴选一批重点企业，开展网络安全防护产品示范应用。支持工业控制系统网络安全实时监测工具研发及其在重点企业的部署应用。建设一批工业信息系统安全实验室，优先支持工业控制产品与系统信息安全标准验证、仿真测试、通信协议安全测评、监测预警等公共服务平台建设，培育一批第三方服务机构。

（六）《信息通信行业发展规划（2016—2020 年）》

2017 年 1 月 17 日，工业和信息化部正式发布《信息通信行业发展规划（2016—2020 年）》。到 2020 年，信息通信业整体规模进一步壮大，综合发展水平大幅提升，"宽带中国"战略各项目标全面实现，基本建成高速、移动、安全、泛在的新一代信息基础设施，初步形成网络化、智能化、服务化、协同化的现代互联网产业体系，自主创新能力显著增强，新兴业态和融合应用蓬勃发展，提速降费取得实效，信息通信业支撑经济社会发展的能力全面提升，在推动经济提质增效和社会进步中的作用更为突出，为建设网络强国奠定坚实基础。

网络与信息安全综合保障能力全面提升

网络与信息安全保障体系进一步健全，网络与信息安全责任体系基本建立，关键信息基础设施安全防护能力持续增强，网络数据保护体系构建完善，新技术、新业务安全管理机制创新和实践进一步加强，有力带动网络与信息安全相关产业发展。

（七）《光盘复制业"十三五"时期发展指导意见》

2017 年 4 月 28 日，原国家新闻出版广电总局印发《光盘复制业"十三五"时期发展指导意见》。近年来，随着数据存储技术变革和网络技术的飞速发展，传统光盘市场需求快速递减，我国光盘复制产值和产量均出现不同幅度的下降。同时，光盘技术应用范围不断扩展，逐渐融入到数字出版、档案保管、大数据存储等多个领域，呈现出多元化的发展趋势。

进一步提升产业集约化水平，逐步形成以 5～8 家国家光盘复制示范企业为主体、其他企业为补充的产业格局；加快产业结构调整，加强产品质量检测，光盘复制产品市场抽查质量合格率不低于 90%，保持较高地供给质量和水平；建立大容量光存储技术研究应用体系，使光存储技术升级、大容量光盘复制生产能力适应多样存储市场的需求。

推动大容量光存储技术发展应用

关注数据安全存储、绿色存储和长寿命存储市场需求变化，鼓励光盘复制企业参与大容量存储光盘的研发及产业化，满足个性化数据存储需求，培育大数据光存储市场，逐步拓展光盘在数字出版、档案存储以及大数据存储等方面的发展空间。

2015 年 12 月 14 日，工业和信息化部正式发布《贯彻落实＜国务院关于积极推进"互联网＋"行动的指导意见＞的行动计划（2015—2018 年）》。

信息技术产业持续快速发展，围绕"互联网＋"行动的软硬件技术、产业基础不断夯实。2018 年，高性能计算、海量存储系统、网络通信设备、安全防护产品、智能终端、集成电路、平板显示、软件和信息技术服务等领域取得重大突破，涌现出一批具有自主创新能力的国际领先企业，安全可靠的产业生态体系初步建成。

信息技术产业支撑能力提升行动

突破核心技术和产品。制定集成电路重点领域发展路线和实施路径，构建具备自主研发能力的通用基础软硬件平台。研究制定传感器发展战略，明确核心传感器阶段目标、重点任务和发展模式。加强可编程逻辑控制器（PLC）、工控计算机、工业网络设备、安全防护产品攻关，支持高集成度低功耗芯片、底层软件、传感网络、自组网等关键技术创新。实施"芯火计划"，开发自动化测试工具集和跨平台应用开发工具系统，提升集成电路设计与芯片应用公共服务能力，加快核心芯片产业化。推动基于互联网的视听节目服务、智慧家庭服务等产品的研发和应用，加强互联网电视接收设备、智能音响、可穿戴设备等新型信息消费终端产品研发创新。

构建安全可靠的产业生态体系。以高端通用芯片和基础软件为抓手，构建安全可靠核心信息设备综合验证、集成测试、系统评测等公共服务平台和产业链协同创新平台。支持面向互联网的智能可穿戴、智慧家庭、智能音响、智能车载、智慧健康、智能无人系统等智能硬件核心关键技术突破，加强硬件样机设计平台、技术标准和知识产权等公共服务平台建设。加快安全可靠服务器、存储系统、桌面计算机及外部设备、网络设备、智能终端等终端产品、基础软件和信息系统的研发与推广。

第二节　科技计划政策

（一）科技计划体系

2015 年 1 月 12 日，国务院发布了《关于深化中央财政科技计划（专项、基金等）管理改革的方案》，指出我国的科技计划体系虽然为增强国家科技实力、提高综合竞争力、支撑引领经济社会发展发挥了重要作用，但是现有各类科技计划（专项、基金等）存在着重复、分散、封闭、低效等现象，多头申报项目、资源配置"碎片化"等问题突出，不能完全适应实施创新驱动发展战略的要求。提出要立足国情，借鉴发达国家经验，通过深化改革着力解决存在的突出问题，推动以科技创新为核心的全面创新，尽快缩小我国与发达国家之间的差距。

根据国家战略需求、政府科技管理职能和科技创新规律，将中央各部门管理的科技计划（专项、基金等）整合形成五类科技计划（专项、基金等）。

（1）国家自然科学基金。资助基础研究和科学前沿探索，支持人才和团队建设，增强源头创新能力。

（2）国家科技重大专项。聚焦国家重大战略产品和重大产业化目标，发挥举国体制的优势，在设定时限内进行集成式协同攻关。

（3）国家重点研发计划。针对事关国计民生的农业、能源资源、生态环境、健康等领域中需要长期演进的重大社会公益性研究，以及事关产业核心竞争力、整体自主创新能力和国家安全的战略性、基础性、前瞻性重大科学课题、重大共性关键技术和产品、重大国际科技合作，按照重点专项组织实施，加强跨部门、跨行业、跨区域研发布局和协同创新，为国民经济和社会发展主要领域提供持续性的支撑和引领。

（4）技术创新引导专项（基金）。通过风险补偿、后补助、创投引导等方式发挥财政资金的杠杆作用，运用市场机制引导和支持技术创新活动，促进科技成果的转移、转化和资本化、产业化。

（5）基地和人才专项。优化布局，支持科技创新基地建设和能力提升，促进科技资源的开放共享，支持创新人才和优秀团队的科研工作，提高我国科技创新的保障能力。

上述五类科技计划（专项、基金等）要全部纳入统一的国家科技管理平台来管理，加强项目查重，避免重复申报和重复资助。中央财政要加大对科技计划（专项、基金等）的支持力度，加强对中央级科研机构和高校自主开展科研活动的稳定支持。

上述国家科技计划的内容是以科学技术部管理的科技计划为体系的。我国的科技计划一般是以科学技术部为主进行实施的，工业和信息化部、财政部、国家发展和改革委员会、交通部、水利部、农村农业部、教育部、国防科技工业局、商务部、国家卫生和计划生育委员会等国家部委协作参与。

另外，国家自然科学基金作为我国支持基础研究的主渠道之一，也是我国一项重要的科技计划。多年来，自然科学基金坚持支持基础研究，逐渐形成和发展了由研究项目、人才项目和环境条件项目三大系列组成的资助格局，在推动我国自然科学基础研究的发展，促进基础学科建设，发现、培养优秀科技人才等方面取得了巨大成绩。

（二）近期国家科技重大专项

国家科技重大专项是为了实现国家目标，通过核心技术突破和资源集成，在一定时限内完成的重大战略产品、关键共性技术和重大工程。《国家中长期科学和技术发展规划纲要（2006—2020）》（以下简称《规划纲要》）确定了大型飞机等16个重大专项。这些重大专项是我国现阶段到2020年科技发展的重中之重。

《规划纲要》确定了核心电子器件、高端通用芯片及基础软件，极大规模集成电路制造技术及成套工艺，新一代宽带无线移动通信，高档数控机床与基础制造技术，大型油气田及煤层气开发，大型先进压水堆及高温气冷堆核电站，水体污染控制与治理，转基因生物新品种培育，重大新药创制，艾滋病和病毒性肝炎等重大传染病防治，大型飞机制造，高分辨率对地观测系统，载人航天与探月工程等 16 个重大专项，涉及信息、生物等战略产业领域，能源资源环境和人民健康等重大紧迫问题，还涉及到军民两用技术和国防技术。

其中，"核高基"（核心电子器件、高端通用芯片、基础软件）、极大集成电路装备、无线宽带移动通信等重大专项与我国的信息安全息息相关。

国家重点研发计划由原来的国家重点基础研究发展计划（"973"计划）、国家高技术研究发展计划（"863"计划）、国家科技支撑计划、国际科技合作与交流专项、产业技术研究与开发基金和公益性行业科研专项等整合而成。是针对事关国计民生的重大社会公益性研究，是事关产业核心竞争力，整体自主创新能力和国家安全的战略性、基础性、前瞻性的重大科学问题、重大关键技术和重点产品。它将为国民经济和社会发展主要领域提供持续性的支撑和引领。

（三）与存储器相关的国家科技重大专项相关课题[①]

1. 2013 年相关课题

1）课题 3-1 DDR3 动态随机存储器产品研发及产业化。

研究目标：开发兼容 JEDEC 国际标准的大容量、高性能、低功耗 DDR3 DRAM 产品和缓存控制器产品。课题所开发的 DDR3 DRAM 芯片支持 ×4、×8、×16 工作模式，容量不低于（含）2 Gb，数据速率达到 1600 Mb/s，并实现量产销售。

---

① 为便于读者查找相关课题，本部分未对相关课题进行重新编号，而是保留了课题在项目申报指南中的编号。

考核指标：（1）支持 ×4、×8、×16 的工作模式；（2）标称工作电压 1.5 V，可选低压 1.35 V；（3）单片容量不低于（含）2 Gb；（4）数据速率 1066～1600 Mb/s；（5）动态随机存储器缓存控制器支持国际 JEDEC-DDR3 1066～1600 Mb/s 接口标准；（6）申请相关专利 10 项；（7）累计形成 200 万颗的规模应用。

2）课题 3-2 存储器与存储控制器 SoC 产品的批量应用。

研究目标：在专项"十一五"研究成果的基础上，进一步提高 DDR2 DRAM 产品的可靠性和成品率，扩大应用领域；针对移动共享存储、移动安全存储两类存储控制器 SoC 产品，重点完善系统适配、可靠性和可生产性产品关键环节。

考核指标：（1）DDR2 DRAM：提供应用方案 2 个以上，实现 DDR2 DRAM 总数为 1000 万颗销售量；（2）移动共享存储：存储容量可以支持 16 GB，销售量超过 50 万片；（3）移动安全存储：符合安全要求，具有身份认证，读写速度超过 90 MB/s，销售量超过 50 万片。

2. 2016 年相关课题

课题 2-1 新型半导体存储器关键技术研发与应用验证。

研究目标：依托国内集成电路生产工艺，突破 STT-MRAM 等新型半导体存储器设计、工艺和可靠性等关键技术，建立关键工艺模块、研发关键工艺模块成套参数，打通制造工艺全流程，研制新型半导体存储器产品，快速积累相关的核心知识产权，为我国半导体存储器技术和产业发展提供储备，为下一步自主可控新型处理器架构创新提供支撑。

考核指标：（1）STT-MRAM 产品存储容量不低于 256 MB；（2）STT-MRAM 产品写入速度 <10 ns，读取速度 <5 ns；（3）新型半导体存储器关键工艺模块和成套参数；（4）形成新型半导体存储器工艺全流程；（5）课题执行期内累计销售量超过 100 万颗芯片；（6）申请发明专利不少于 100 项，其中核心专利不少于 10 项。

3. 2017 年相关课题

研究方向：高安全等级网络芯片研发、超级计算机处理器研制、智能电视 SoC 规模化应用、芯片设计全流程 EDA 系统开发与应用、国产 IP 平台建设及应用、国产嵌入式 CPU 规模化应用、基于安全可控 CPU 的工控计算机规模化应用、3D NAND 存储器及控制器产品研发及产业化、新型半导体存储器关键技术研发与应用验证等。

（四）国家重点研发计划与信息存储行业

国家重点研发计划主要针对事关国计民生的重大社会公益性研究，以及事关产业核心竞争力、整体自主创新能力和国家安全的重大科学技术问题，突破国民经济和社会发展主要领域的技术瓶颈。我国的国家重点研发计划自 2016 年起开始对外公布课题情况（见表 2.2），每年都会有新的重点专项发布。

表 2.2 信息安全产业相关专项

计数项：课题/项目方向大类	年　　份		
行标签	2016 年	2017 年	总计
"公共安全风险防控与应急技术装备"	33 个	53 个	86 个
"网络空间安全" 重点专项	8 个	14 个	22 个
"云计算和大数据" 重点专项	12 个	15 个	27 个
"战略性先进电子材料" 重点专项	25 个	37 个	62 个
高性能计算	10 个	16 个	26 个

资料来源：公开资料，联盟整理。

1. 战略性先进电子材料——高密度存储集成技术

1）高密度新型存储器材料及器件集成技术研究（共性关键技术类）。

研究内容：研究高密度新型存储器材料、结构单元与阵列制造的关键工艺技术，包括存储单元与互补金属氧化物半导体（CMOS）电路的匹配互连和集成、芯片外围电路设计、封装和测试等关键技术；研究不同存储器件的尺寸效应、微缩性能、三维存储阵列的集成工艺；研究新型存储器材料与器件的热稳定性和可靠性；研究阵列的读、写、擦操作方法，优化控制方法与电路结构；研制高密度存储芯片，并对其存储性能进行验证。

考核指标：（1）实现与 CMOS 工艺兼容的高密度存储器集成工艺；（2）解决高密度存储电路的共性关键技术，建立外围电路模块的共性设计技术；（3）突破存储器的可靠性测试技术，建立存储的失效模型，获得信息存储与处理相融合的解决方案；（4）存储单元面积 $\leqslant 6.4\ \mu m \times 10^{-3}\mu m$；（5）擦写速度 $< 50\ ns$，读取速度 $< 25\ ns$，保持特性 $> 100\ h@150℃$；（6）三维堆叠层数 $\geqslant 8$；（7）存储芯片密度 $> 1.5\ Gb/cm^2$；（8）申请专利 10 项，发表论文 20 篇。

2）高密度磁存储材料及集成技术研究（共性关键技术类）。

研究内容：研究新型磁性隧道结材料及其器件结构的优化设计，研究磁随机存储器在多物理场协同作用下的低功耗写入原理与具体方式；研究电流驱动型磁随机存储器单元与阵列制造的整套关键工艺技术；研究与主流 12 英寸 CMOS 晶圆工艺兼容的磁性隧道结的纳米图型化和刻蚀制备方法，实现与 12 英寸磁电子工艺匹配的 CMOS 芯片控制电路设计，研制高密度磁存储芯片。

考核指标：（1）研制出 2～3 种实用型高密度磁随机存储材料及存储单元器件；（2）研制出存储密度 $\geqslant 1\ Gb/cm^2$ 的高速低能耗磁随机存储器（基于自旋转移力矩效应或自旋轨道转矩效应）芯片；（3）芯片中磁性隧道结（阵列）存储单元的室温隧穿磁电阻比值达到 150%，写入和读取时间 $\leqslant 30\ ns$，操作电压 $\leqslant 1\ V$，可重复擦写次数 $> 10^{15}$ 次，室温下数据保存时间 > 10 年；（4）申请专利 15 项，发表论文 30 篇。

2. 高性能计算重点专项

国家高性能计算环境服务化机制与支撑体系研究（二期）（重大共性关键技术类）。

研究内容：研究国家高性能计算环境计算服务化的新机制和支撑技术体

系，支持环境服务化模式运行，构建具有基础设施形态、服务化模式运行的国家高性能计算环境。

第一，支持应用社区和业务平台的环境应用模式与平台。研究国家高性能计算环境与环境所支撑的应用社区和业务平台之间的资源供给及其使用模式，实现相关的机制及技术手段，支持社区与平台的稳定高效运行和推广应用。

第二，基于应用的全局资源优化调度。结合传统的基于计算规模和运行时间的作业调度方法，形成基于应用特性的实用的全局资源优化调度方法。

第三，提升国家高性能计算环境安全保障。重点针对用户应用的数据安全，解决应用数据在环境中的传输、存储与访问安全。

第四，环境数据传输性能提升。提高环境节点间数据传输的性能和可靠性，改善环境的服务质量和用户体验。

考核指标：（1）为国家高性能计算环境提供服务化运营的管理支撑平台，形成能长期稳定可靠运行的基础设施；（2）完成环境资源升级，节点数达 17 个以上，聚合的计算资源 500 PFlops[①] 以上，存储资源 500 PB[②] 以上，部署应用软件和工具软件 500 个以上，以研究团队为单位的用户数达到 5000 以上。

3. 网络空间安全——开放融合环境下的数据安全保护理论与关键技术研究

移动互联网数据防护技术试点示范（应用示范类）。

研究内容：面向移动互联网应用，基于国产密码算法，从云、管、端三个层面布局移动互联网数据防护保障技术，完成试点示范。研究智能移动终端的数据防护技术和基于终端的高安全鉴别技术，完成基于国产密码算法的智能移动终端数据安全存储、数据安全计算、数据安全擦除、数据访问控制与安全鉴别方案，防范各种软件攻击和终端丢失情况下的关键数据泄露；研

---

① 运算次数计量单位，1PFlops 等于 1 千万亿次浮点指令运算。
② 存储容量计量单位，1PB 等于 2^{50} 字节。

究智能移动终端的用户个人隐私数据保护技术方案，保护用户的身份和属性隐私、位置隐私、交易隐私；选择有代表性的移动互联网云服务应用，研究移动业务的全生命周期安全技术，包括移动设备管理技术、应用软件管理技术、文档内容管理技术，支持多级安全策略管理，实现国产密码技术在移动业务安全系统中的深度融合；研究移动高速视频服务中的数据加解密技术，实现透明化的、无缝接入的数据加解密服务；针对移动设备管控、移动高速视频服务等应用完成试点示范系统。

考核指标：（1）完成移动终端数据与隐私保护技术方案设计开发。技术方案全面支持国产密码算法，能够抵御操作系统内核攻击，安全原理简洁易证，并在至少 2 款商用移动终端系统中得到应用部署，实现万台规模的试点应用；（2）示范应用中移动智能终端的数据签名速度不大于 50 ms，关键数据的加解密速度不少于 10 MB/s；（3）在移动管控领域开展试点应用。移动设备管控的应用部署不少于 2 家应用单位，支持 30 款以上主流移动终端；（4）在大型的移动高速视频云服务系统中得到部署，终端加解密时延不大于 8 ms，示范终端数量不少 800；（5）申请发明专利 20 项。

4. 云计算和大数据——云计算和大数据基础设施重点专项

1）新型大数据存储技术与平台（共性关键技术类）（2016 年）。

研究内容：大数据环境下基于新型存储器件的存储体系架构及控制方法，以及与之对应的持久内存管理和数据组织方法。在此基础上形成基于非易失存储器件的新设备、驱动软件、专用高效持久内存管理和文件系统；异构存储介质高效融合的高并发、低延迟的万亿文件级大数据存储系统；新型数据冗余技术，数据冗余的高效转化与高效重构技术；数据保存 50 年以上的方法和技术，保障信息不丢失、能再现；大数据存储系统的评估理论、方法及其工具软件。

考核指标：（1）研制有自主知识产权的高速低耗存储控制器及设备、驱动软件、专用高效持久内存管理和文件系统；容量型设备容量 ≥ 10 TB，性能型设备 IOPS ≥ 100 万次、带宽 ≥ 10 GB/s，能耗最低可达 10 W/TB；节点内可扩展；（2）系统支持多存储介质设备异构融合，支持高密低耗、系列化的存储节点，节点容量达 PB 级；（3）系统支持万亿文件；在万级并发访问下，巨量小文件平均访问延迟低于 10 ms；（4）在 EB 级大数据场景下应用于 1～3 个典型领域；（5）申请一批本领域的知识产权。

2）新一代云计算服务器技术与系统（共性关键技术类）（2017 年）。

研究内容：新一代云计算服务器的节点技术，包括大容量混合内存技术，处理器接口的可重构硬件加速器技术，高密度混合存储技术等；新一代云计算服务器的跨节点技术，包括计算、存储等物理资源虚拟化与跨节点共享技术，异构多种加速器的资源池技术，内部互联网络的虚拟化和性能隔离技术等；新一代云计算服务器基础软件技术，包括大容量内存计算技术，混合内存支持和优化技术，可重构硬件加速器支持和优化技术，混合存储管理技术，计算、存储、网络等资源池调度和管理技术等；新一代云计算服务器的评价与优化技术，包括性能评价方法与基准测试、性能调优工具、SLA 评价与保障技术等。基于以上关键技术，研制新一代云计算服务器系统，在关键行业的云计算环境中开展示范应用。

考核指标：（1）研制至少由 256 个云服务器节点、1 个加速池组成的云计算系统；（2）单节点存储容量不小于 256 TB，其中新型存储器件不小于 128 TB；（3）支持传统内存与新型内存介质融合管理，支持可重构硬件加速器，单节点支持百万级并发处理；（4）整系统并发处理能力不低于 2.5 亿，支持存储、加速器等硬件资源跨节点共享；（5）在关键行业的云计算系统中开展示范应用，在典型云计算应用负载下，较现有产品整机服务能力提升一个数量级，整机资源利用率提升 50%，整机性能功耗比提升 5 倍。取得一批本领域的知识产权，形成一组相关规范和国家标准（送审稿）。

3）高效能云计算数据中心关键技术与装备（共性关键技术类＋示范应用）。

研究内容：云计算高密度数据中心的体系结构；面向云计算数据中心的新型网络技术及网络虚拟化技术；多资源复用的细粒度联合感知和分配理论；适用于云计算数据中心的模块化计算、存储、网络节点装备，多数据中心的调度技术，实现数据中心分布式实施；基于数据分析的精确能源管理技术，突破基于数据分析的数据中心整体能效提升技术，显著提升云计算资源运行效率；云计算数据中心的能耗评估理论、能耗模型、能耗评估方法及能耗评估工具软件；基于以上技术突破和研制的装备，开展典型示范应用。

考核指标：（1）研制高效能、高密度的微/全模块，整机柜数据中心单元的计算密度达到 100 个微处理器计算节点，物理核数不低于 1600 个，存储总容量可达到 10PB，能效比提升 1 倍以上；（2）云计算数据中心通过 SDN 交换机组网，支持 40GE 和 100GE 以太网标准，支持全可编程平台，支持高密度机柜数据中心单元的高密度互联，数据中心节点数不低于 1 万个，可处理 EB 级数据；（3）云数据中心虚拟网络向物理网络映射的资源利用率达到 90% 以上，网络能效比提升 1 倍以上；（4）云计算数据中心采用有线无线混合的网络架构，增强网络拓扑灵活性，减少通信能耗，数据中心内任意两台服务器之间数据传输率达到 100 GB/s 以上；（5）面向异构资源管理的跨层感知系统软件能有效地提高云数据中心的资源利用效率，典型应用的系统能效比提升 50% 以上，同等条件下 PUE 达到世界领先水平；（6）在 100PB 级大数据场景下应用于 2～3 个典型领域。取得一批本领域的知识产权，形成一组相关规范和国家标准（送审稿）。

4）基于非易失存储器（NVM）的 TB 级持久性内存存储技术与系统（共性关键技术类）（2018 年）。

研究内容：研究基于持久性内存的混合主存系统 I/O 栈与存储管理策略；研究分布式持久性内存文件系统；研究基于远程直接数据存取（RDMA）的分布式持久性共享内存新型编程模型及其应用编程接口；构建分布式持久性内存存储系统；研制基于 TB 级内存系统的典型"大数据"应用系统扩展并示范应用。

考核指标：（1）研制不少于 8 节点的内存存储系统，每节点均包含 TB 级非易失性内存；（2）分布式内存系统中节点间通信延迟不超过 1 μs，高负载通信延迟不超过 10 μs，带宽可扩展，8 节点带宽不低于 40 GB/s；读操作 IOPS 不低于 5000 万次/s，写操作 IOPS 不低于 1000 万次/s；（3）在 ZB 级大数据场景下应用于 1～3 个典型领域；（4）在关键技术上申请系列专利，形成专利群，发表一批高水平学术论文。

通过以上科技计划项目立项情况可以看出，国家近几年对信息安全、大数据等行业日益重视，对核心零部件、重要基础材料、共性关键技术等都有支持，但是与光存储相关的支持项目不多。

5. 纳米科技重点研发计划

1）新型高密度存储材料与自旋耦合材料研究（2017 年）。

研究内容：研究阻变存储器与相变存储器材料的设计、筛选、优化及器件结构设计，获得低功耗、高可靠、抗串扰、性能均一、易于大规模集成的存储器单元；研究选通器件的材料筛选与结构设计；研究与半导体集成的新型铁电 / 多铁存储材料与器件；研究同步实现信息存储、逻辑、运算、信息编码 / 解码功能的多功能信息存储器件；解决存储单元的功耗、读写速度、可靠性、高密度集成、柔性化制备等关键技术；研究用于可穿戴设备的存储器件的柔性化制备工艺以及柔性化引起的相关效应。

考核指标：（1）研制出 3～6 种可实用的高密度存储材料；（2）研制出的存储单元存储窗口＞10 个、擦写次数＞10^6 次、保持时间＞10 年、重置时间＜30 ns；（3）开发出 1～2 种可同步实现存储、逻辑、运算、编 / 解码的新型多功能存储器件；（4）申请专利 50 项。

6. 量子调控与量子信息

固态量子存储器。

研究内容：面向长程量子纠缠分发的需求，研制基于固态介质的单光子量子存储器。

考核指标：（1）优化稀土掺杂晶体等固态介质的样品设计、工作环境及控制方法，提升固态量子存储器的光子存储寿命到 5 ms，且效率超过 20%；（2）实现存储器在时间、频率及空间三个自由度并行复用，且复用模式数超过 12 个；（3）制备两个空间分离的固态量子存储器之间的纠缠态，完成基于固态量子存储的量子中继节点功能演示；（4）研制面向量子加密 U盘的超长寿命量子存储器，自旋态相干寿命超过 10 h。

7. 光电子与微电子器件及集成

新型嵌入式阻变存储器研究（2018 年）。

研究内容：研究基于阻变机制的新型非易失存储器件的物理机制及其性能优化方法；研究适用于嵌入式应用的阻变存储材料和结构设计、基于 CMOS 平台的制备工艺以及嵌入式混合集成技术；研究新型嵌入式阻变存储器的阵列架构、操作方法及控制电路等芯片关键技术。

考核指标：（1）实现基于阻变机理的嵌入式非易失存储器演示芯片，并基于 40 nm 及以下工艺节点 CMOS 平台进行嵌入式集成；（2）操作功耗 $\leqslant 0.1$ pJ/b，读写速度 $\leqslant 50$ ns，工作电压 $\leqslant 1.5$ V，在 125 ℃ 下的数据保持能力 $\geqslant 10$ 年，擦写能力 $\geqslant 10^6$ 次，芯片容量 $\geqslant 64$ MB。

（五）工业强基"一揽子"

1. 方向：数据记录关键镀膜（合金）材料

目标：1. 突破高性能无机记录和反射材料生产工艺，实现自主知识产权，年使用量不低于 2.5 t；2. 实现年产专业数据存储产品 500 万片，服务于各种高要求大数据安全存储应用。

主要内容和产品（技术）要求：（1）制备高吸收特性的 405 nm 光波能量特种铜合金材料真空磁控溅镀的圆形靶；（2）铜合金材料的纳米级溅镀膜层与非晶硅膜层叠加后，在 405 nm 激光束作用下形成 Cu3Si 记录点的光电特性：扰动值 $<8\%$，所需记录功率 <6 mW，反射率 $\geqslant 32\%$；（3）基于该新材料实现产品性能：单盘容量 $\geqslant 100$ GB，读写速率 $\geqslant 144$ Mb/s，可靠使用寿命（加速老化测试）$\geqslant 50$ 年。

2. 方向：3D NAND Flash

目标：实现 64 层 /512 Gb 的 3D NAND Flash 及驱动控制芯片产业化批量生产，达到 10 万套 4 Gb 及以上容量存储器的规模应用。

主要内容和产品（技术）要求：（1）掌握 3D 存储器产业化生产技术，拥有 3D NAND Flash 自主知识产权，制程工艺缩小至 14/16nm，堆叠层数达到 64 层，提升驱动控制电路等外围芯片和算法能力；（2）建设完备的新型 3D NAND Flash 存储器封装、测试、系统级验证等软硬件平台，开发符合 JEDEC 标准的 3D NAND Flash 系列产品。

◆◆◆ 第三节 相关研究机构与实验室

（一）信息安全国家重点实验室

信息安全国家重点实验室筹建于 1989 年，1991 年通过国家验收并正式对外开放，是我国信息安全领域创建最早的研究机构之一，也是目前国内唯一一家信息安全领域的国家重点实验室，现依托单位为中国科学院信息工程研究所。

实验室的总体定位：瞄准国际信息安全学科发展前沿，密切结合国家信息安全战略需求，进行信息安全前沿性和前瞻性科学问题创新性研究与自主信息安全关键技术研发。

实验室的总体目标：为国家信息安全保障体系建设提供理论指导和科学依据；对前沿性和前瞻性信息安全科学问题进行创新性研究，以促进和推动信息安全学科的发展；研发具有自主知识产权的关键安全技术和系统，以满足国家和行业部门的需求；为国家培养高水平的信息安全专业人才。

截至 2015 年底，信息安全国家重点实验室已发表学术论文 3500 余篇，出版著作（译著）110 部，获得国家发明专利授权 94 项，获得软件著作权登记 326 项；完成国家标准、行业规范 40 余项，参与撰写国际标准 4 项；承担国家级和省部级项目 660 余项，科研成果获国家级、省部级奖励 31 项，其中获国家科学技术进步奖一等奖 1 项，国家科学技术进步奖二等奖 5 项，国家自然科学奖三等奖 2 项，省部级一等奖 14 项。目前，实验室有固定和兼职人员 600 余人，已建成一流的信息安全实验环境。

（二）武汉光电国家研究中心[①]

武汉光电国家研究中心（下面简称中心）依托于华中科技大学，是科学技术部首批批准组建的 6 个国家研究中心之一，是适应大数据时代基础研究特点的学科交叉型国家科技创新基地，是国家科技创新体系的重要组成部分。其前身武汉光电国家实验室（筹），为科学技术部 2003 年批准筹建的首批五个国家实验室之一，2017 年获批组建武汉光电国家研究中心。

中心面向信息光电子、能量光电子和生命光电子三大领域，以三个重大研究任务（海陆空天一体化光网络、绿色高效光子循环与光子制造、脑连接图谱与类脑智能）为牵引，围绕集成光子学、光子辐射与探测、光电信息存储、激光科学与技术、能源光子学、生物医学光子学、多模态分子影像、生命分子网络与谱学等 8 个方向，开展基础性、前瞻性、多学科交叉融合的创新研究，力争成为在光电科学领域具有重要国际影响力的学术创新中心、人才培育中心、学科引领中心、科学知识传播和成果转移中心，为国家实施创新驱动发展战略和建设世界科技强国做出重要贡献。

武汉光电国家研究中心拥有包括 8 名两院院士（含兼职/双聘），1 名海外院士在内的固定人员 421 名（含校内外共建单位）。中组部"千人计划"入选者 13 名，中组部万人计划中青年科技创新领军人才 8 名，中国青年科技奖获得者 2 名，教育部"长江学者"24 名，"国家杰出青年科学基金"获得者 21 名、"青年千人计划"入选者 25 名，"万人计划"青年拔尖人才 6 名，基金委"优秀青年科学基金"获得者 12 名，11 余人次入选海外学会会士（Fellow）。拥有国家自然科学基金委创新团队 2 个、国家科学技术部重点领域创新团队 1 个、教育部创新团队 3 个。聘请了由 76 名美国国家科学院院士、英国皇家科学院院士、瑞典皇家科学院院士、英国皇家工学院会士等海外大师和海外学术骨干组成的海外学术军团。

2004 年至今，主持和承担各类项目课题 3000 余项，累计合同经费 34.33

---

① 相关资料来源：武汉光电国家研究中心官方网站。

亿元。其中包括 973 项目、国家重大科研仪器设备研制专项、重点研发计划在内的千万级项目 73 项。获得各类科技奖励 172 项，其中国家级科技成果奖励 18 项、省部级一等奖 38 项；拥有发明专利 1438 项（含国际专利 26 项）、实用新型专利 243 项，登记软件著作权 85 项；专利转化总额达 1.08 亿元。

在过去的十多年间，发表 SCI 论文 5918 篇，在光电领域一流期刊发表论文数稳居国际光电机构前列。

2012 年 7 月，由武汉东湖高新技术开发区和华中科技大学共建成立了武汉光电工业技术研究院（以下简称光电工研院）。光电工业技术研究院是集共性技术研发、中试熟化对接、高端产业孵化、企业研发服务等功能于一体的协同创新平台，以独立法人的形式，授权管理和使用依托单位和组建单位在光电国家实验室支持下所获得的知识产权。围绕实验室大量科研成果，提供产业化必需的工程技术研发、成果对接、投资运作和企业孵化，实现从"创新"到"创造"的转化。

（三）国家光盘工程研究中心

光盘国家工程研究中心（Optical Memory National Engineering Research Center，简称 OMNERC 或光盘中心）由国家发改委（原国家计委）于 1996 年批准设立，以清华大学为依托单位。光盘中心从开始建设到 2003 年 11 月通过国家项目验收和国家项目审计为止，已经全面完成了国家建设项目可行性研究报告中提出的建设任务和建设目标，为产业化的发展解决了多个关键难题、提供了多项技术支持。

2004 年在清华大学深圳研究生院成立国家光盘工程研究中心深圳分中心。分中心坚持走产学研合作的道路，积累了技术成果向产业成功转移的理念和经验。光盘中心已经完成或承担省部级项目多项，为地区和行业解决多项共性技术关键问题，并培养了一批精通光机电一体化技术的技术人才。

光盘中心先后获得国家发明奖二等奖 1 项、国家科技进步奖二等奖 2 项；

国家级出版奖6项；已授权发明专利90余项；主持或参与完成国际标准5项、国家标准8项、行业职业标准与规范15项。并作为主要起草人完成的国家标准"DVD/CD只读光学头通用规范"，标准号SJ/T 11321-2006，2006年正式颁布，该规范为我国在DVD关键部件领域独立自主制定的第一个国家标准。

目前，光盘中心的研究领域已经从光存储技术拓展到固态存储技术及存储安全、新型投影成像技术（微型投影、超短距交互式投影、3D投影、全息成像等），并取得了良好的进展。

针对我国光盘产业主要集中在珠三角地区的特点，强化光盘中心引领产业，服务产业的功能。光盘中心和深圳研究生院在2004年6月11日签署合作协议，在深圳建立"清华大学光盘国家工程研究中心深圳分中心"，经过几年的发展，分中心已在深圳研究生院建成了600 m^{2}以上的科研与教学实验室，发表学术论文50篇，共申请专利53项，已授权19项。

研究方向：分中心的研究领域已经从光存储技术拓展到固态存储及存储安全、新型投影成像技术（微型投影、超短距交互式投影、3D投影、全息成像等），并取得了良好的进展，秉承科研成果成熟一个转化一个的产学研合作模式，先后与多家企业成立了联合实验室、成果转化基地或研究生实践基地，适应和促进了我国南方地区特别是广东地区的产业发展。

（四）中国科学院上海光学精密机械研究所高密度光存储技术实验室

中国科学院上海光学精密机械研究所高密度光存储技术实验室由干福熹院士于1985年牵头创建。从20世纪80年代初开始，在国内率先开展光存储材料和技术研究，是我国最重要的信息存储材料与技术研究基地之一。

实验室长期从事新型光存储材料研究、多层膜结构设计和盘片研制、光盘母盘刻录技术研究、光盘性能测试与评估、光盘应用系统开发和新型超高密度光存储技术探索等方面的工作。近年来，实验室密切注意国际信息存储技术发展的最新动态,研究开发提高存储密度和数据传输率的新型信息存储技术与材料。主要包括:光磁混合存储材料和技术;相变存储材料;近场超分辨纳米光存储材料与技术;数字全息光盘存储材料与技术;分子光存储材料与技术、新型纳米材料制备与表征技术和超高密度、超快光信息存储的物理基础等。完成了国家重大科技攻关项目、国家高技术发展计划("863"计划)、国家自然科学基金重点项目、中科院重大基础研究项目、上海市科技发展基金重点项目等30余项课题的研究和开发任务,有11项科研成果分别获得国家、中科院和上海市科技进步奖,另有多项实用化成果通过各级鉴定。

目前,实验室会聚了多位光存储材料领域的专家学者,并在光存储材料方面取得了积极的研究进展。

中科院上海光机所中国科学院上海微系统与信息技术研究所共同建立了光盘及其应用国家工程研究中心,该中心在建设过程中针对光盘母盘刻录技术、光盘存储材料与成膜工艺等进行工程化开发、验证,解决相关技术问题,推动光盘产业在我国的形成和发展,完成了可行性研究报告,并提出了建设目标。

中心与国内有关企业合作,共同研究和开发了光盘产业发展的关键技术和工艺,在CD-R和DVD-R母盘技术、有机染料制作和技术及工艺等方面打下了坚实的工程化技术基础,成为我国重要的光盘技术研发基地,是目前国内唯一能批量生产CD-R母盘的单位。DVD-5和DVD-9光盘也被认定为国家重点新产品。

第三章　大数据时代与信息存储安全

- ◆ 数据成为重要的生产要素
- ◆ 大数据产业架构
- ◆ 大数据时代给存储带来的机遇与挑战
- ◆ 存储安全成为信息安全的重要内容
- ◆ 大数据时代为光存储迎来了新的发展机遇

伴随着互联网时代的到来，各个行业信息化的迅猛发展催生了海量数据，这些数据在给企业带来巨大价值的同时，也衍生出一系列数据存储问题。如何对数据实现便捷存储及深入挖掘，保证数据的安全可靠、弹性及可拓展性已经成为很多行业用户关注的重要方面。与此同时，海量数据的产生也对目前的存储方案产生了挑战，促进行业提供更多个性化的存储服务，给光存储产业带来了新的发展机遇。

第一节　数据成为重要的生产要素

　　如同资本、劳动力和原材料等其他要素一样，在信息时代，数据已成为一种重要的生产要素。数据的角色不断演进，从数据作为记录、计算、交换的基础形式，到数据作为财富，数据的价值在不断增长，而数据科学应用能够推动经济的增长。数据互动也将发生翻天地覆的变化，将由数据被单一应用程序控制发展到未来社会的多应用程序共享的智能化数据。当前，海量数据已经不再局限于特殊行业，而成为一种普遍需求。各行各业的公司都在收集并利用大量的数据分析结果，尽可能地降低成本、提高产品质量、提高生产效率及创造新的产品。例如，通过分析直接从产品测试现场收集的数据，能够帮助企业改进设计。此外，一家公司还可以通过深入分析客户行为，对比大量的市场数据，做好市场营销工作，更好地服务于客户。

　　随着大数据应用的爆发式增长，它已经衍生出了自己独特的架构，而且也直接推动了存储、网络及计算技术的发展。IT 基础架构已经向云计算平台转移，云平台将作为数字化创新的新平台。未来的云架构将由软件定义和存储共同支持。处理大数据这种特殊的需求是一个新的挑战，硬件的发展最终还是由软件需求推动的，大数据分析应用需求也正在影响着数据存储基础设施的发展。

第二节　大数据产业架构

大数据产业是以大数据为核心资源，将产生的数据通过采集、存储、处理、分析并应用和展示，最终实现数据的价值。整个大数据产业可分为大数据核心业态和大数据衍生业态。大数据核心业态可以划分为大数据存储层、大数据分析层和"大数据"应用层。安全服务贯穿大数据产业的各个层面，而伴随着数据量的激增，数据的重要性和价值也越来越高，这也使得企业难以承受数据损坏带来的损失，数据信息的损坏会给企业带来不可估量的损失，存储服务的重要性日益凸显，对于一些重点行业如政府、金融、医疗、教育、电信等行业更是如此。大数据产业架构如图 3.1 所示。

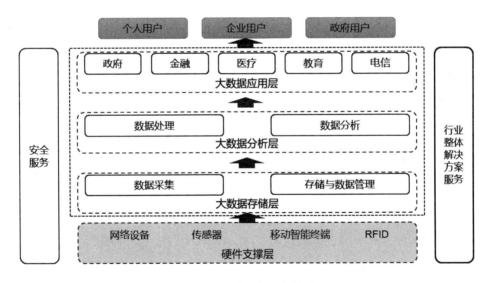

图 3.1　大数据产业架构图

资料来源：行业公开资料，联盟整理。

（一）大数据产业细分领域

大数据衍生业态指围绕着大数据核心业态所需要的软硬件基础设施、安全服务、大数据交易和技术支持类产业。

依据从数据采集→数据存储→数据处理→数据分析→数据应用这条产业链进行梳理，大数据共涉及 11 类主要产品和服务（如图 3.2），大致可以划分为基础硬件、基础软件、应用软件和信息服务 4 个层次。

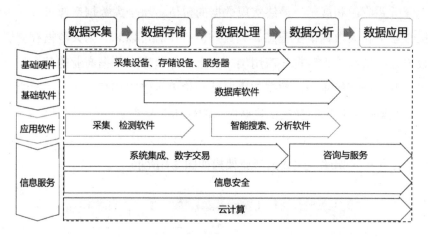

图 3.2 大数据细分领域涉及的产品和服务

资料来源：行业公开资料，联盟整理。

（二）大数据主要应用领域

大数据的应用可以划分为政府服务类应用和行业商业类应用两个大类。

政府服务类应用为政府管理提供强大的决策支持。在城市规划方面，通过对城市地理、气象等自然信息和经济、社会、文化、人口等人文社会信息的挖掘，可以为城市规划提供强大的决策支持，强化城市管理服务的科学性和前瞻性。在交通管理方面，通过对道路交通信息的实时挖掘，能够有助于缓解交通拥堵，并快速响应突发状况，为城市交通的良性运转提供科学的决策依据。在舆情监控方面，通过网络关键词搜索及语义智能分析，能提高舆情分析的及时性、全面性；全面掌握社情民意，提高公共服务能力，应对网络突发的公共事件，打击违法犯罪。在安防领域，通过大数据的挖掘，可以及时发现人为或自然灾害、恐怖事件，提高应急处理能力和安全防范能力。政府服务类大数据与民生密切相关，其应用主要包括智慧交通、智慧医疗、智慧家居、智慧安防等，这些智慧化的应用将极大地拓展民众生活空间，方便民众生活。

行业商业类应用较多，主要将大数据与传统企业相结合，有效提升运营效率和结构效率、推动传统产业升级转型。因此，各行业都在深入挖掘大数据的价值，研究大数据的深度应用。可以说，大数据在各行业的全面深度渗透将有力地促进产业格局重构，成为中国经济新一轮快速增长的新动力和拉动内需的新引擎。

大数据时代的来临也将会给广播电视、银行、证券等有海量数据存储需求的行业带来巨大的价值和影响，这些存储产业链下游的客户企业必定会更加依赖于大数据的发展，这为存储行业提供了大量的潜在需求和发展机遇。此外，存储行业企业更应该明确客户需求和清楚自身的优势与劣势，确保从容应对大数据时代的来临，并充分利用大数据时代发展带来的机遇，提升和强化自身能力，建立可持续发展的竞争优势。以广播电视这一典型存储行业客户为例，存在的挑战主要表现在以下三点。

第一，高性能和低延时。信息流、工作流的整合对性能要求日益提高。数据传输的实时性要求高，如节目播出流畅、不丢帧，要求数据必须在限定时间以限定的形式和流量提供。

第二，大容量和高可靠性。行业的数据存储若以音频视频为主流，往往一个文件即高达数十 GB，清晰度提高，使得数据量大幅增长，另外数据（音频、视频资料）这种核心资源，具有珍贵的历史意义和保留价值，若发生丢失会带来巨大损失。

第三，节约成本。由于设备和服务的分散采购，给客户方带来了额外的交易成本支出，如何为客户节约交易流程复杂带来的成本，提升综合服务能力是存储行业企业面临的又一挑战。

目前，众多应用领域中，电子商务、电信领域应用成熟度较高，政府公共服务、金融等领域市场吸引力最大，具有发展空间。

第三节 大数据时代给存储带来的机遇与挑战

大数据的发展与壮大给很多行业带来深远影响，对存储产业也是如此。随着结构化数据量和非结构化数据量的持续增长，以及分析数据来源的多样化、对结果要求的智能化和多样性，此前存储系统的设计已经无法满足"大数据"应用的需要，主要影响有以下四点。

（一）对存储系统的可扩展性提出了更高的要求

数据量的激增造成的最直接影响是需要大容量的存储设备，这里所说的"大容量"通常可达到 PB 级的数据规模，不同用户的需求存在较大的差异，因此，海量数据存储系统也一定要有相应等级的扩展能力。与此同时，存储系统的扩展一定要简便，可以通过增加模块或磁盘柜来增加容量，甚至不需要停机。基于这样的需求，Scale-out 架构（或称横向可扩展架构）的存储逐渐铺开。Scale-out 架构的特点是，每个节点除了具有一定的存储容量之外，内部还具备数据处理能力以及互联设备，与传统存储系统的烟囱式架构完全不同，Scale-out 架构可以实现无缝平滑地扩展，避免"存储孤岛"。

"大数据"应用除了数据规模巨大之外，还意味着拥有庞大的文件数量。因此如何管理文件系统层累积的元数据是一个难题，处理不当的话会影响到系统的扩展能力和性能，传统的 NAS 系统（传统的专用数据存储服务器）就存在这一瓶颈。所幸的是，基于对象的存储架构并不存在这个问题，它可以在一个系统中管理十亿级别的文件数量，而且还不会像传统存储一样遭遇元数据管理的困扰。基于对象的存储系统还具有广域扩展能力，可以在多个不同的地点部署并组成一个跨区域的大型存储基础架构。

（二）对存储系统响应速度、并发能力提出挑战

"大数据"应用还存在实时性的问题。特别是涉及与网上交易或者金融类相关的应用。举例来说，网络在线广告推广服务需要实时地对客户的浏览记录进行分析，并准确地进行广告投放。这就要求存储系统在必须能够支持上述特性的同时保持较高的响应速度，因为响应延迟的结果是，系统会推送"过期"的广告内容给客户。

很多"大数据"应用环境需要较高的 IOPS 性能，比如 HPC 高性能计算。此外，服务器虚拟化的普及也导致了对高 IOPS 的需求，正如它改变了传统 IT 环境一样。为了迎接这些挑战，各种模式的固态存储设备应运而生，小到简单地在服务器内部加入高速缓存，大到全固态介质的可扩展存储系统等都在蓬勃发展。一旦企业认识到大数据分析应用的潜在价值，它们就会将更多的数据集纳入系统进行比较，同时让更多的人分享并使用这些数据。为了创造更多的商业价值，企业往往会综合分析那些来自不同平台下的多种数据对象。包括全局文件系统在内的存储基础设施能够帮助用户解决数据访问的问题，全局文件系统允许多个主机上的多个用户并发地访问文件数据，而这些数据则可能存储在多个地点的多种不同类型的存储设备上。

（三）客户需求更加个性化

某些特殊行业的应用，比如金融数据、医疗信息及政府情报等都有自己的安全标准和保密性需求。虽然对于 IT 管理者来说这些并没有什么不同，而且都是必须遵从的，但是，大数据分析往往需要多类数据相互参考，而在过去并不会有这种数据混合访问的情况，因此大数据应用也催生出一些新的、需要考虑的安全性问题。除了数据存储寿命增加的需求外，一些特殊用户的需求可能更加个性化，如军队等用户可能要求缩短信息寿命，达到类似"阅后即焚"的效果，以确保信息的安全性，国内已有研究机构在做相关方面的研究。

除此以外，大数据存储系统的基础设施规模通常都很大，因此必须经过科学设计，才能保证存储系统的灵活性，使其能够随着应用分析软件一起扩容及扩展。在大数据存储环境中，已经没有必要再做数据迁移了，因为数据会同时保存在多个部署站点。一个大型的数据存储基础设施一旦开始投入使用，就很难再调整了，因此它必须能够适应各种不同的应用类型和数据场景，这就要求存储厂商必须提供更加个性化、针对性强的存储产品或服务。

（四）后期维护成本的经济性

对于正在使用大数据环境的企业来说，成本控制也是一个关键问题。想控制成本，就意味着要让每一台设备都实现更高的"效率"，同时还要减少那些昂贵的部件。目前，重复数据删除等技术已经进入主存储市场，而且现在还可以处理更多的数据类型，这都可以为大数据存储应用带来更多的价值，提升存储效率。在数据量不断增长的环境中，通过减少后端存储的消耗，哪怕只是降低几个百分点，都能够获得明显的投资回报。此外，自动精简配置、快照和克隆技术的使用也可以提升存储的效率。

很多大数据存储系统都包括归档设备，尤其对那些需要分析历史数据或需要长期保存数据的机构来说，归档设备必不可少。从单位容量存储成本的角度看，磁带仍然是最经济的存储介质。事实上，在许多企业中，使用支持TB级大容量磁带的归档设备仍然是事实上的"标准"和"惯例"。

对成本控制影响最大的因素是商业化的硬件设备。因此，很多初次进入这一领域的用户，以及那些应用规模很大的用户都会定制他们自己的"硬件平台"而不是用现成的商业产品，这一举措可以用来平衡他们在业务扩展过程中的成本控制策略。为了适应这一需求，现在越来越多的存储产品都提供纯软件的形式，可以直接安装在用户已有的、通用的或者现成的硬件设备上。此外，很多存储软件公司还在销售以软件产品为核心的软硬件一体化装置，或者与硬件厂商结盟，推出合作型产品。

第四节　存储安全成为信息安全的重要内容

数据安全大体上可分为传输安全和存储安全（如图3.3）。传输安全指在数据的生成、传输和访问过程中，确保数据的完整性、准确性及一致性。黑客防范、防火墙等，均属传输安全的范畴。存储安全指在数据保存上确保完整性、可靠性和有效地调用，通常包括两层含义：一是存储设备自身的可靠性和可用性（存储安全），二是保存在存储设备上数据的逻辑安全（应用安全）。

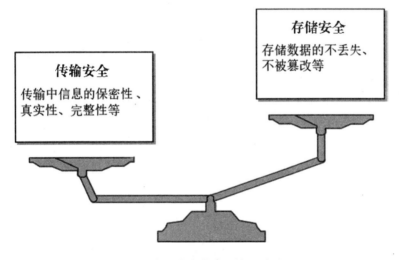

图3.3　存储安全的重要性日益凸显

多年以来，信息安全行业主要的着眼点在信息传输保护和攻击防御方面，产生了防火墙、VPN、IPS、UTM等众多网络安全设备，但忽视了信息安全的重要领域——信息存储安全。信息存储安全在信息存储过程和信息生命周期内，保障信息的真实性、机密性、完整性、可用性、可靠性、不可抵赖性等特性，是信息安全的主要基础之一。目前谈到信息存储安全，比较重视信息的完整性、可靠性、可用性，对数据备份、容灾、访问性能等问题探讨较多；对信息的真实性、机密性、不可抵赖性鲜有涉及，整个信息存储领域存在很大的安全隐患。

1987 年，Patterson、Gibson 和 Katz 这三位工程师在加州大学伯克利分校发表了题为《*A Case of Redundant Array of Inexpensive Disks*》（廉价磁盘冗余阵列方案，简称 RAID）的论文，以革命性的思路指出，利用多个独立小磁盘组成的冗余阵列构建逻辑大磁盘，可便利地实现高性能和高可靠性，RAID 行业从此兴起。

30 余年来磁盘技术飞速发展，单盘容量与存取速度均有了长足提高，存储系统的设备存储数据安全仍然是以 RAID 为基石的。RAID 技术带来的数据安全上具备两层含义：高可靠——设备故障时，在降级状态下依然能够完成数据存储工作；高可用——设备故障时，系统可便利恢复容错能力，走出降级状态。但是，RAID 技术对应用存储安全方面能力尚显不足。

主机操作系统及其上应用程序运行所产生的数据，一般被称为在线数据。保存在线数据的存储系统因此也被称为在线存储。近两年来业界热炒的近线存储，本质上属于在线存储的范畴，只是将在线数据中访问频次较低的数据存放到二级介质中，以节约成本。

在线存储的核心要求是保障应用的灵活性，具体体现为小数据量的频繁、随机和并行读写。这一方面要求存储介质具备相应特长——SCSI 磁盘以及 FC 磁盘应运而生，另一方面则要求数据能够被操作系统直接访问，保存为特定操作系统的文件格式以便快速存取。

操作系统是在线应用的核心。权威的计算机系统存储数据安全标准之一，美国国家安全局的国家电脑安全中心颁布的橘皮书《*Trusted Computer System Evaluation Criteria*》（受信任电脑系统评价标准）指出，操作系统的易用性与安全性无法兼顾，广泛使用的商用操作系统，如 Windows、UNIX、Linux 等均属于中等安全的 C1 或 C2 级别。

因此，操作系统对于数据来说是不安全的，因为在这些系统中，用户或应用程序可以很容易地对数据和文件进行任何操作，包括添加、删除、修改等。人为的有意或无意的误操作、病毒的破坏、应用软件的 Bug、程序运行冲突等，均可能导致在线数据丢失。

迄今为止，保障应用数据存储安全的唯一方式是数据备份。数据备份的做法是周期性保存数据，以便在线数据发生损坏时，使用数据恢复到备份之时的状态，以确保数据的正常访问。除了备份以外，还有大量数据需要存档，存档的目的是将需要长期备查或转移到异地保存，也可能是恢复的数据存放到可移动存储介质上。严格意义上讲，存档的目的不是为了保障存储安全，而是为了实现数据仓储，以备在需要的时候能够验证和读取。

当前，常见的存储介质主要有以下几种：磁存储介质，最为常见的备份方式为磁带备份；电存储介质，如常见的磁盘阵列、闪存阵列等；光存储介质，当前主流应用为蓝光光盘。每一种存储方式都有各自的技术特性和优缺点，为达到经济性与性能的平衡，不少存储厂商开始采用多介质混合备份的方案。

第五节 大数据时代为光存储迎来了新的发展机遇

IDC 数据显示，目前全球数据总量以每年 50% 以上的增速爆发式增长（如图 3.4），预计到 2020 年全球数据总量将超过 40 ZB（相当于 4 万亿 GB）。但并非所有数据都有相同的访问热度。根据数据的被访问频率，业界将数据分为热数据和冷数据。冷数据就是数据访问量较低的那部分数据。冷数据存储已经成为存储领域十分重要的一个细分市场。大数据技术提供的很大一部分数据属于冷数据。

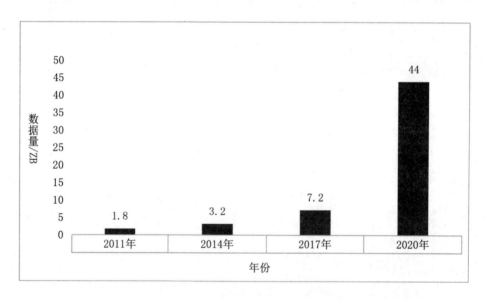

图 3.4 未来几年将迎来爆发式增长

数据来源：IDC 数据中心，联盟整理。

目前的 IDC 数据中心只采用传统磁存储介质，现在大数据服务中的沉淀数据还并没有转化。但是根据数据存储的"20/80 定律"，随着时间的推移，80% 的数据将变成罕有人访问的冷数据，不需要进行实时调度。传统介质的技术瓶颈将会越来越明显，"替代存储技术"将会逐渐显露出优势，蓝光存储将迎来新的发展机遇。表 3.1 显示出未来大量数据将以冷数据的方式存储。

表 3.1 未来将有大量数据以冷数据的方式存储

	冷数据	热数据
数据量	数据量极大，有机构预测未来冷数据可能占到整体数量的 80%	数据量相对较小
业务场景	简单，形成相应的响应机制后按照需求调用即可	复杂，包括写入、删除、更新、查询等操作频繁
性能要求	读取次数相对较低，但存储安全性要求高	高，要求低时延
成本敏感度	成本敏感度高	成本敏感度低

数据来源：行业公开资料，联盟整理。

数据量的激增带来了数据库扩容的需求，伴随而来的是不断地投入，最终将到达瓶颈。这种情况下，"冷热数据"的区别对待就很有必要，优先保证"热数据"的读写，降低"冷数据"的服务等级，这样就可以降低数据存储和服务上的投入。可以采用两种方式来区分冷热数据，一种是按照数据创建时间，另一种是按照访问频率。第一种方式处理起来比较简单方便；第二种方式需要针对具体业务做具体分析，难以设计普适性的方案。

过去几年中，公有云存储与云环境下的磁盘阵列产品表现极为强劲，各大传统主流厂商纷纷探索新型技术方案（表 3.2），目前多种方案并存，但从趋势上来看，一体化综合型存储可能是将来的发展方向。

表 3.2 传统存储厂商技术发展趋势

方　　案	厂商或方案
公有云存储方案	主要有 Amazon、Azure、Google、Rackspace 等，它们立足于服务供应商持有的数据中心
内部存储方案	方案一：将服务器直连存储汇总成逻辑 SAN 资源池的虚拟 SAN，其中的代表性方案包括 VMware vSAN 以及 HCIA。 方案二：采用全闪存与混合闪存 / 磁盘方案的 SAN 与文件存储方案
外部存储方案	厂商：包括 Dell、EMC、HDS、HP、IBM、NetApp，以及 Sun 等。发展对象存储、大数据存储、基于软件的存储阵列、高性能计算型存储等多种存储技术

资料来源：行业公开资料，联盟整理。

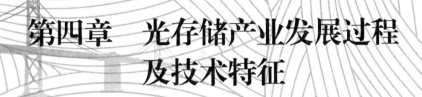

第四章 光存储产业发展过程及技术特征

◆ 光存储介质

◆ 光盘驱动器技术的发展

◆ 光盘库技术的发展

◆ 光存储在海量数据存储方面具有优势

第一节　光存储介质

光盘是以光介质作为存储的载体，来存储数据的一种物品。光盘只是一个统称，它可以分成两类：只读型光盘和可记录光盘（见表 4.1）。可记录光盘又可以划分为一次记录光盘和可重复擦写光盘。

表 4.1　光盘类型划分

类　　别	主要类型
只读型光盘	CD-Audio、CD-Video、CD-ROM、DVD-Audio、DVD-Video、DVD-ROM 等各种类型
可记录光盘	CD-R、CD-RW、DVD-R、DVD+R、DVD+RW、DVD-RAM、Double layer DVD+R 等各种类型

资料来源：行业公开资料，联盟整理。

光盘自 1982 年面市以来，技术标准不断演进（如图 4.1），出现了多种格式与技术标准并存的局面，1982—2010 年是光盘发展的黄金时段，产品不断推新、容量不断增加，大规模应用于音乐与影视节目存储、图形图像存储和软件分发等领域。下面对几个关键节点进行梳理。

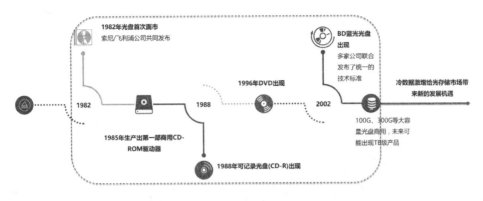

图 4.1 光盘技术发展过程示意图

资料来源：行业公开资料，联盟整理。

（一）光盘的发明（1982 年）

在 1972 年，飞利浦公司向新闻界展示了一种新型的家庭音频媒介，也就是光学影碟。这种技术被飞利浦称为"Video Long Play"（VLP），它是飞利浦经过多年研究后开发出来的，目标是将其作为一种把家庭视频引入大众市场。VLP 影碟看起来就像是一种体型较大的 CD，可存储音频和视频内容，而且使用的是一种模拟格式（这种技术随后被称为"激光视盘"）。

当飞利浦的工程师在 1974 年希望创造出能够取代黑胶唱片的产品时，他们决定以 VLP 技术为基础来进行开发。相应地，他们将为被称作"Audio Long Play"（ALP），可视为一种大直径光盘。

由于受到媒介的限制，飞利浦的工程师发现，以模拟格式在光学碟片上录制的音频会出现"漏码"的现象，缺少保真度。因此，工程师们转向使用一种数字音频信号——他们知道，通过恰当的数学错误纠正的常规做法，这样能掩盖光盘音频播放中不完美的地方。使用数字错误纠正方法成为了光盘的真正创新之处。

在接下来的几年时间里，ALP 系统收缩至直径为 11.5 cm 的光盘，能存储 60 分钟的立体声音频。不久以后，飞利浦决定将这个项目的名称更改为"Compact Disc"，以纪念该公司成功的"卡式录音带"（Compact Cassette）格式。

1979 年 3 月 8 日，飞利浦在荷兰召开了一次新闻发布会（如图 4.2）。在这次发布会上，新闻记者首次体验了数字音乐。飞利浦的这种新产品得到了热烈的回应，但这家公司能感觉到亚洲电子行业巨头正虎视眈眈。

图 4.2　飞利浦工程师展示新推出的 CD 产品

飞利浦向多家日本公司推销其 CD 产品，希望能达成一项合作关系。索尼公司同意与其合作，一同改良这种最新的标准，创造属于自己的 CD 播放器系列产品。

在 1980 年 6 月，索尼和飞利浦宣布，两家公司已经确定了其光盘音频标准，邀请其他音频电子公司授权使用这项技术，一起登上数字音乐这艘"大船"。许多公司都同意了。

1982年10月1日，索尼在日本发布了世界上第一部商用光盘播放器CDP-101（如图4.3），揭开了"数字音频革命"的序幕。

图4.3 索尼CDP-101播放器的宣传手册

光盘最初是索尼与飞利浦两家公司使用的一种数字音频存储介质。它在塑料磁盘表面上模刻凹坑来记录数据，激光读取凹坑后还原数据。由于光盘是数字介质，所以非常适合存储电脑数据。没过多久，索尼与飞利浦改动了这种格式，开发出了电脑CD-ROM。

（二）第一部商用 CD-ROM 驱动器上市（1985 年）

在音频光盘问世的时候，消费者和媒体自然而然地从实用的角度来看待这种发明，那就是可作为体积很小的、耐用性强的、无噪声音频媒介。电脑工程师也同样在关注这项技术，注意到一张 12 cm 的光盘能存储令人惊愕的 63 亿字节的信息。

六家电脑媒体公司几乎马上就展开了一场竞赛，目的是重新定义 CD 的用途，将其作为用于电脑软件的一种媒介。这些公司之所以会争先恐后地投入研发，其原因在于：在 1982 年的时候，一张标准的双面 IBM 个人电脑软盘仅可存储 360KB 的数据。粗略地计算一下就可以知道，从理论上来说，一张光盘就能容纳 2390 张 IBM 软盘所能存储的数据（假设不使用额外的字节来进行纠错的话）。

由这六家电脑媒体公司所创造的与消费者紧密联系的 CD 光驱原型最早在 1983 年年底就已经出现，这个过程一直持续到 1984 年。索尼和飞利浦认识到，一场可能发生的"子格式大战"正在酝酿中，因此两家公司决定创造一种官方的标准，它们将这种标准称作 CD-ROM（Compact Disc Read-Only Memory 的缩写，即只读光盘）。

1985 年，第一种商业化使用的 CD-ROM 光驱出现在消费市场上，但问题仍旧存在：人们会用那么大的空间来做些什么呢？CD-ROM 技术天然地与庞大的存储联系在一起，这种庞大的存储需求意味着，如果是以印刷的形式来存储，那么通常都会需要几大本厚厚的书才能做到。当第一种商用 CO-ROM 产品在 1985 年出现在市场上时，政府、医疗和人口统计数据库构成了这种新产品的最早的用户；随后不久，百科全书也开始使用。

最初，CO-ROM 未被用作发行软件。毕竟，有谁能制作一张 550MB 或 650MB 的 CD，却用来存储一个大小仅有 200KB 的程序呢？这个问题的答案是，在一张光盘中交付大量的程序：在 1986 年，加州一家公司 PC Special Interest Group（这是最早的通过 CD 来交付软件的组织之一）发行了一张 CD，其中包含 4000 个公共域名和共享软件程序。令人惊奇的是，即便是如此之多的程序，也只不过占据了那张 CD-ROM 光盘的六分之一空间而已。

类似地，CD-ROM 作为数字图像或视频载体的情况也并未立即出现，而一直都是消费级别的电脑图形系统出现——也就是直到电脑的运行速度变得足够快，而且能够显示足够多的色彩来完全利用一张 CD-ROM 光盘的存储空间时——以后才成为现实。

电脑的发展直到 20 世纪 90 年代初期才跟上了 CD-ROM 的步伐，从而触发了"多媒体时代"。一款名为《神秘岛》（Myst）的冒险游戏在 1993 年登陆苹果 Mac 电脑，成为 CD-ROM 这种媒介的第一款"杀手级"应用。

到 20 世纪 90 年代末期，电脑程序所需要的容量迅猛增长，CD-ROM 光驱的价格则有所下降，从而使光盘成为交付软件的最流行方式。

自 1985 年飞利浦和索尼公布了在光盘上记录计算机数据的"黄皮书"以后，CD-ROM 驱动器便在计算机领域得到了广泛的应用。CD-ROM 光盘不仅可存储大容量的文字、声音、图形和图像等多种媒体的数字化信息，而且便于快速检索，因此 CD-ROM 驱动器已成为多媒体计算机中的标准配置之一。MPC 标准已经对 CD-ROM 的数据传输速率和所支持的数据格式进行了规定。MPC3 标准要求 CD-ROM 驱动器的数据传输率为 600 KB/s（4 倍速），并支持 CD-ROM、CD-ROMXA、Photo CD、VideoCD 和 CD-I 等光盘格式。

（三）可录光盘（CD-R）出现（1988 年）

信息时代的加速到来使得越来越多的数据需要保存，需要交换。由于 CD-ROM 是只读式光盘，因此用户自己无法利用 CD-ROM 对数据进行备份或交换。在 CD-R 刻录机大批量进入市场以前，用户唯一的选择就是采用可擦写光盘机。

可擦写光盘机根据其记录原理的不同，有光磁驱动器 MO 和相变驱动器 PD。虽然这两种产品较早地进入市场，但是记录在 MO 或 PD 盘片上的数据无法在广泛使用的 CD-ROM 驱动器上读取，因此难以实现数据交换和数据分发，更不可能制作自己的 CD、VCD 或 CD-ROM 节目。

CD-R 的出现适时地解决了上述问题，CD-R 是英文 CD Recordable 的简称，中文简称刻录机。CD-R 标准"橙皮书"是由飞利浦公司于 1990 年发布的，目前已成为工业界广泛认可的标准。CD-R 的另一英文名称是 CD-WO（CD-Write Once），顾名思义，就是只允许写一次，写完以后，记录在 CD-R 盘上的信息无法被改写，但可以像 CD-ROM 盘片一样，在 CD-ROM 驱动器和 CD-R 驱动器上被反复地读取多次。

CD-R 盘与 CD-ROM 盘相比有许多共同之处，它们的主要差别在于 CD-R 盘上增加了一层有机涂料层作为记录媒介，反射层用金，而不是用 CD-ROM 中的铝。当写入激光束聚焦到记录层上时，涂料层的记录位元区被加热后烧溶，形成一系列代表信息的凹坑。这些凹坑与 CD-ROM 盘上的凹坑类似，但 CD-ROM 盘上的凹坑是用金属压模压出的。

CD-R 驱动器中使用的光学"读 / 写头"与 CD-ROM 的光学读出头类似，只是其激光功率受写入信号的调制。CD-R 驱动器刻录时，在要形成凹坑的地方，半导体激光器的输出功率变大；不形成凹坑的地方，输出功率变小。在读出时，与 CD-ROM 一样，读出头仅输出恒定的小功率。

通常，CD-ROM 除了要符合黄皮书标准以外，还要遵照一个附加的国际标准：ISO 9660。这是因为当初飞利浦和索尼没有定义 CD-ROM 的文件结构，而且各种计算机操作系统也只规定了该操作系统下的磁盘存储文件结构，使得不同厂家生产的 CD-ROM 采用不同的文件结构，曾经一度引起了混乱。后来，ISO 9660 规定了 CD-ROM 的文件结构，Microsoft 公司很快就为 CD-ROM 开发了设备驱动软件 MSCDEX，使得不同生产厂家的 CD-ROM 在不同的操作系统环境下都能彼此兼容，就像该操作系统下的另外一个逻辑驱动器——磁盘。

CD-R 的发展已有很多年的历史，但是也还存在上述类似的问题。我们无法在 DOS 或 Windows 环境下对 CD-R 驱动器直接进行读写，而是要依赖于 CD-R 生产厂家提供的刻录软件。大多数刻录软件的用户界面并不直观，而且系统安装设置也比较繁琐，给用户的使用带来很多麻烦和障碍。

为了改变这一状况，国际标准化组织下的光学存储技术协会（OSTA）最近制订了 CD-UDF 通用磁盘格式，只要对每一种操作系统开发相应的设备驱动软件或扩展软件，就可使操作系统将 CD-R 驱动器看作一个逻辑驱动器。采用 CD-UDF 的 CD-R 刻录机会使用户感到，使用 CD-R 备份文件就如同使用软盘或硬盘一样方便。用户可以直接使用 DOS 命令对 CD-R 进行读写操作，如果用户使用如 Windows Explorer 这样的图形文件管理软件，将文件拖动并投入到 CD-R 刻录机中，就可将文件刻录到 CD-R 盘上。

CD-UDF 也是沟通 ISO 9660 与 DVD-UDF 文件结构的桥梁，采用 CD-UDF 文件结构的 CD-R 盘可在 DVD-ROM 驱动器上读出。

飞利浦公司推出的第四代 CDD 2600 刻录机首先采用了 CD-UDF 文件格式，并可在 Windows 环境下即插即用，使 CD-R 技术的发展步入一个新的里程。

（四）可重写光盘（CD-RW）与存储器 MO

MO 是英文 Magnet-Optical 的缩写，是指利用激光与磁性共同作用的结果记录信息的光磁盘。MO 盘用来存储信息的媒体与软磁盘相似，但其信息记录密度和容量却比软磁盘高得多。这是由于记录时在盘的上面施加磁场，而在盘的下面用激光照射。磁场作用于盘面上的区域比较大，而激光通过光学系统聚焦于盘面的光点直径只有 $1 \sim 2\mu m$。在受光区域，激光的光能转化为热能，并使磁介质层受热而变得不稳定，影响磁场方向。这样，在直径只有 $1 \sim 2\mu m$ 的极小区域内就可记录下一个单位的信息。通常的磁性记录方式存储一个单位的信息时，要占用相当大的区域，因而磁道也相应地变宽，盘上记录信息的总量也就很小。

MO 盘虽然比硬盘和软盘便宜且耐用，但是与 CD-R 盘相比就显得比较昂贵了。MO 的致命缺点是，不能用普通 CD-ROM 驱动器读出，因而不能满足信息社会对计算机数据进行交换和数据分发的要求，在网络技术不发达的地方，这一问题日趋突出和严重。

为了使可擦写相变光盘与 CD-ROM 和 CD-R 兼容，早在 1995 年 4 月，飞利浦公司就提出了与 CD-ROM 和 CD-R 兼容的相变型可擦写光盘驱动器 CD-E（CD-Erasable）。CD-E 得到了包括 IBM、HP、Mitsubishi、Mitsumi、松下电器、Sony、3M，以及 Olympus 等公司的支持。1996 年 10 月，飞利浦、索尼、惠普、Mitsubishi 和理光五家公司共同宣布了这一新的可擦写 CD 标准，并将 CD-E 更名为 CD-RW（CD-Re Writable）。CD-RW 标准的发布标志着工业界可以开发并向市场提供这种新产品。

CD-RW 兼容 CD-ROM 和 CD-R，CD-RW 驱动器允许用户读取 CD-ROM、CD-R 和 CD-RW 盘，刻录 CD-R 盘，擦除和重写 CD-RW 盘。由于 CD-RW 采用 CD-UDF 文件结构，因此 CD-RW 可作为一台"海量软盘驱动器"使用，也可在 DVD-ROM 驱动器读取，具有更广泛的应用前景。

MO 虽然有不少特点，但是它们只能被其他同类驱动器读取，不能在广泛流行的 CD-ROM 上使用。MO 没有市场共享性，购买者只是将它们用于数据备份，因此难以实现数据交换和数据分发，更不可能制作自己的 CD、VCD 或 CD-ROM 节目。因此 MO 很难在市场上流行起来。

CD-R 是可记录光盘市场上的后起之秀，虽然只能刻录一次，但由于它与广泛使用的 CD-ROM 兼容，并具有较低的记录成本和很高的数据可靠性，赢得了计算机用户的普遍欢迎。CD-R 目前是各种光盘存储产品中发展最迅猛的一种。CD-R 刻录机的价格相对几年前已很大幅度地下跌了。

CD-RW 是一个已经得到众多公司和用户普遍支持的可重写光盘标准。由于 CD-RW 仍沿用了 CD 的 EFM 调制方式和 CIR 纠错方法，CD-RW 盘与 CD-ROM 盘具有相同的物理格式和逻辑格式，因此 CD-RW 驱动器与 CD-R 驱动器的光学、机械及电子部分类似，一些零部件甚至可以互换，这将大大节省 CD-RW 的开发和生产费用，降低 CD-RW 驱动器的成本，使 CD-RW 在可重写光盘产品市场上占有一定的份额。

（五）DVD 的出现（1996 年）

DVD 光存储技术是在 CD 类光存储技术之后的又一次重要的技术飞跃，它不仅在技术方面获得了很大的成功，并迅速地推向市场，成为了 CD 类产品的替代者。

从 1994 年下半年提出 DVD 的初步标准，到 1996 年年初 DVD 样机的出现，前后只用了一年多的时间。由于有 CD 刻录技术的基础，刻录 DVD 技术的发展速度很快。在 1995 年 DVD 规格走向统一并于 1996 年中期推出产品后，世界上第一个 DVD 可重写刻录标准——DVD-RAM 在 1997 年诞生。此后的二十年，DVD 仍在有条不紊地发展。

（六）BD 光盘的出现（2002 年）

2002 年 2 月 19 日，以索尼、飞利浦、松下三公司为核心，联合日立、先锋、三星、LG、夏普和汤姆逊六家公司共同发布了 0.9 版的 Blu-ray Disc（简称 BD）技术标准——蓝光盘诞生。蓝光技术极大地提高了光盘的存储容量，对于光存储产品来说，蓝光提供了一个跳跃式发展的机会。

当前蓝光光盘的主流量与产容量主要为 200 GB 和 300 GB 的容量，基本上与蓝光光盘技术路线图一致，但是在 2014 年的时候，日本先锋就已经实现了 256 GB 容量，并继续加大光盘的容量，实现双面八层，每层容量为 32 GB，累积容量高达 512 GB，更远的未来则可以实现 1 TB。索尼在 2015 年的夏季也推出了容量为 300 GB 的 Archival 蓝光盘。相信随着技术的进步，500 GB 和 1 TB 的蓝光光盘也将很快实现量产并逐渐成为主流。

2007 年 1 月，日立公司展示了 100 GB 的蓝光光盘，它拥有 4 层数据层，每层 25 GB，与 TDK、松下的 100 GB 光盘不同，日立这种光盘支持标准蓝光光驱读写。2008 年 12 月，先锋公司推出容量达到 400 GB 的蓝光光盘，拥有 16 层数据层，每层 25 GB，普通蓝光光驱可以通过升级更新后进行读取播放。2009—2010 年发售这种 BD-ROM 光盘，2010—2013 年发售可擦写光盘。

同时先锋公司还在 2013 年推出容量达到 1TB 的蓝光光盘。图 4.4 为蓝光光盘技术路线图。

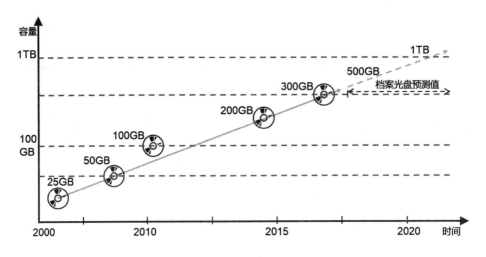

图 4.4　蓝光光盘技术路线图

资料来源：行业公开资料，联盟整理。

　　回顾光盘三十余年的发展历程，我们发现，光盘早已从音乐文件的存储介质脱颖出来，变成了计算机发展史中浓重的一笔，它的价值不仅体现在作为信息存储媒介的方面，还体现在它是一种强大的数据传输方式。在长达数十年的时间里，光盘是存储、收藏、携带、备份数据或音频／视频节目的最佳媒介。它比用当时的低速网络下载数据更方便、更快捷。

　　如今，超高速网络业已普及，而且存储空间也十分充足，这意味着光盘最好的两个元素都已经改变。因此，消费级的光盘市场已经日渐萎缩，光驱也不再是电脑必不可少的配置。但也有一些新的变化出现，光盘技术仍在进步，一些特性比电存储、磁存储更具优势，数据量的激增，数据分层理念的普及为光存储产业的发展再次迎来了发展机遇。

第二节　光盘驱动器技术的发展

（一）基本概念

　　光盘驱动器曾经是微型计算机系统的标准配置，通常简称为光驱。光驱具有灵活的数据存储及交流方式。随着光存储技术的快速发展，光驱经历了从 1× 倍速光驱到 52× 倍速光驱，从只读光驱到可重复读写光驱，从 CD 光驱到蓝光光驱的发展过程。

　　从结构上来看，光驱是一个结合光学、机械及电子技术的产品。在光学和电子结合方面，激光光源来自于一个激光二极管，它可以产生特定波段（波长约 0.54 ～ 0.68 μm）的光束，经过处理后光束更集中且能精确控制，光束首先打在光盘上，再由光盘反射回来，经过光检测器捕捉信号。

（二）光驱的基本原理

　　激光头是光驱的心脏，也是最精密的部分。它主要负责数据的读取工作，因此在清理光驱内部的时候要格外小心。

　　激光头主要包括：激光发生器（又称激光二极管）、半反射棱镜、物镜、透镜及光电二极管。当激光头读取盘片上的数据时，从激光发生器发出的激光透过半反射棱镜，汇聚在物镜上，物镜将激光聚焦成为极其细小的光点并投射到光盘上。此时，光盘上的反射物质就会将照射过来的光线反射回去，透过物镜，再照射到半反射棱镜上。

　　此时，由于棱镜是半反射结构，因此不会让光束完全穿透它并回到激光发生器上，而是经过反射，穿过透镜，到达了光电二极管上面。由于光盘表面是以凹凸不平的点来记录数据，所以反射回来的光线就会射向不同的方向。人们将射向不同方向的信号定义为"0"或者"1"，发光二极管接收到的是以"0""1"排列的数据，并最终将它们解析成为我们所需要的数据。在激光头读取数据的整个过程中，寻道和聚焦直接影响到光驱的纠错能力及稳定性。寻道就是保持激光头能够始终正确地对准记录数据的轨道。

　　当激光束正好与轨道重合时，寻道误差信号为"0"，否则寻道信号可能为正数或者负数，激光头会根据寻道信号对姿态进行适当的调整。如果光驱的寻道出现偏差，在读盘的时候就会出现读取数据错误的现象，最典型的错误是在读音轨时出现的跳音现象。所谓聚焦，就是指激光头能够精确地将光束打到盘片上并接收到最强的信号。

　　当激光束从盘片上反射回来时会同时打到4个光电二极管上。它们将信号叠加并最终形成聚焦信号。只有当聚焦准确时，这个信号才为"0"，否则，它就会发出信号，矫正激光头的位置。聚焦和寻道是激光头工作时最重要的两项性能，我们所说的读盘好的光驱都是在这两方面性能优秀的产品。

　　而且光驱的聚焦与寻道很大程度上与盘片本身不无关系。目前市场上不论是正版盘还是盗版盘都会存在不同程度的中心点偏移，还会存在光介质密度分布不均的情况。当光盘高速旋转时，造成光盘震动，不但使得光驱产生风噪，而且迫使激光头以相应的频率反复聚焦和寻道调整，严重影响光驱的读盘效果与使用寿命。在36×到44×的光驱产品中，普遍采用了全钢机芯技术，通过重物悬垂实现能量的转移。

　　但面对每分钟上万转的高速产品，全钢机芯技术仍无法完全保证定位精度，市场上已经推出了以ABS技术为核心光驱产品。ABS技术主要是通过在光盘托盘下配置一副钢珠轴承，当光盘出现震动时，钢珠会在离心力的作用下滚动到质量较轻的部分进行填补，以起到瞬间平衡的作用，从而改善光驱性能。

（三）光驱的分类

按照不同的分类标准，光驱可以划分为不同的类型。按光存储介质的分类，光驱可划分为只读光驱、刻录光驱、DVD 光驱、DVD 刻录光驱、康宝光驱、蓝光光驱、蓝光刻录机等。

1. 只读光驱

只读光驱只能读取光盘中的数据，而不能对光盘数据进行写操作，曾经是在微型计算机系统中使用最普通的设备。

2. 刻录光驱

刻录光驱是可重复刻录的光驱，即可反复录制或删除录制到光盘中的数据，与软盘和硬盘的数据读写方式相似。较之 CD-R 有明显的优势，如 CD-R 只能一次性写入，刻录时一旦出错，光盘盘片立即报废，而 CD-RW 可以擦除出错的操作，重新刻录。

3. DVD 光驱

DVD 光驱即数字多功能光驱，它具备读取多种光盘的功能，可兼容 CD-ROM、CD Audio、VCD、CD-R、CD-RW 等多种光盘。随着 DVD 光驱及 DVD 光盘价格下降，已逐渐成为目前主流微机系统的常见设备。

4. DVD 刻录光驱

随着计算机推广和宽带技术的快速进步，除了普通 DVD 光驱（DVD-ROM）外，DVD 刻录光驱也得到了快速发展。常见的 DVD 刻录光驱主要有 DVD-R/RW 和 DVD-RAM。

DVD-R/RW 是由日本先锋公司所主导的规格，并得到了 DVD 论坛的大力支持，其中成员包括苹果、日立、NEC、三星和松下等厂商，并于 2000 年完成 1.1 版本的正式标准。DVD-RAM 是日立、松下和东芝等厂商率先开发的一种可擦写 DVD 标准，它最大的优势是支持随机存储数据，缺点就是兼容性比较差，逐渐没落。

5. 康宝光驱

康宝光驱又称 COMBO 驱动器，它集 CD-ROM 读取、DVD 读取，以及 CD-RW 功能于一身，成为光储驱动设备的新技术。

6. 蓝光光驱

蓝光光驱，即能读取蓝光光盘的光驱，向下兼容 DVD、VCD、CD 等格式。传统 DVD 需要激光头发出红色激光（波长为 650 nm）来读取或写入数据，通常来说波长越短，光投射影响的面积就越小，在单位面积上记录或读取信息的量就越大。因此，蓝光极大地提高了光盘的存储容量，对于光存储产品来说，蓝光提供了一个跳跃式发展的机会。

在技术上，蓝光刻录机系统可以兼容此前出现的各种光盘产品。蓝光产品的巨大容量为高清电影、游戏和大容量数据存储带来了可能性与方便性。将在很大程度上促进高清娱乐的发展。目前，蓝光技术也得到了世界上众多游戏公司、电影公司、消费电子产品厂家和家用电脑制造商的支持。

（四）光驱的内部结构

1. 激光头组件：包括光电管、聚焦透镜等组成部分，配合运行齿轮机构和导轨等机械组成部分，在通电状态下根据系统信号确定、读取光盘数据并通过数据接口电路将数据传输到系统。

2. 主轴电机：是为光盘读写操作时提供驱动力，使光盘盘片匀速旋转，配合寻道组件寻找正确的光盘轨道，配合激光头投射光线到正确的数据区，从而完成数据读取。

3. 光盘托架：在开启和关闭状态下光盘盘片的承载体。

4. 启动机构：控制光盘托架的进出和主轴马达的启动，通电运行时，启动机构将使包括主轴马达和激光头组件的伺服机构都处于半加载状态。

（五）光驱的接口类型

光存储驱动器的接口是驱动器与系统主机的物理接口，它是从驱动器到计算机的数据传输途径，不同的接口也决定着驱动器与系统间的数据传输速度。

1. IDE 接口

IDE 接口，又叫做 ATA 接口。ATA 的英文拼写为 "Advanced Technology Attachment"，含义是 "高级技术附加装置"。ATA 接口最早是在 1986 年由康柏、西部数据等几家公司共同开发。IDE 接口是光存储产品最具性价比的产品，也是市场中应用最为广泛的磁盘接口。这种类型的接口随着接口技术的发展已经被淘汰了，而其后发展分支出更多类型的硬盘接口，比如 ATA、Ultra ATA、DMA、Ultra DMA 等，其中 ATA/ATAPI 接口的驱动器也习惯上叫增强 IDE（EIDE）接口驱动器，它是在 IDE 接口的增强和扩展。

2. USB 接口

USB 的全称是 Universal Serial Bus，最多可连接 127 台外设，由于 USB 支持热插拔，支持即插即用的特性，且驱动程序普及性好，所很快成为扫描仪、打印机、照相机、手机等多种设备的标准接口。

早期 USB 有两个规范，即 USB 1.1 和 USB 2.0。USB 接口在这一时期迅速普及，目前最新一代是 USB 3.1，传输速度为 10 GB/s，三段式电压 5 V、12 V、20 V，工作功率 5W，新型 Type C 插型不再分正反。

Micro-USB 也是我们日常生活中最常见的接口类型之一，它是 USB 2.0 标准的一个便携版本，比部分手机使用的 Mini-USB 接口更小，Micro-USB 是 Mini-USB 的下一代规格，由 USB 标准化组织美国 USB Implementers Forum（USB-IF）于 2007 年 1 月 4 日制定完成。

Micro-USB 连接器比标准 USB 和 Mini-USB 连接器更小，节省空间，具有高达 10 000 次的插拔寿命和强度，盲插结构设计。Micro-USB 标准支持目前 USB 的 OTG 功能，即在没有主机（例如个人电脑）的情况下，便携设备之间可直接实现数据传输，兼容 USB 1.1（低速：1.5 Mb/s，全速：12 Mb/s）和 USB 2.0（高速：480 Mb/s），同时提供数据传输和充电，特别适用于高速（HS）或更高速率的数据传输，是连接小型设备（如手机、PDA、数码相机、数码摄像机和便携数字播放器等等）的最佳选择。

从 2017 年欧盟全面统一使用 Micro-USB 端口充电器。标准的统一使得厂商在销售手机时可以不再附送充电器，降低多余充电器所造成的污染和浪费；消费者在更换手机时也不用再频繁更换充电器。

3. IEEE1394 接口

IEEE 1394 接口是苹果公司开发的串行标准，中文译名为火线接口（firewire）。同 USB 一样，IEEE 1394 也支持外设热插拔，可为外设提供电源，省去了外设自带的电源，能连接多个不同设备，支持同步数据传输。

IEEE 1394 分为两种传输方式：Backplane 模式和 Cable 模式。Backplane 模式最小的速率也比 USB 1.1 最高速率高，分别为 12.5 Mb/s、25 Mb/s、50 Mb/s，可以用于多数的高带宽应用。Cable 模式是速度非常快的模式，分为 100 Mb/s、200 Mb/s 和 400 Mb/s 几种，在 200 Mb/s 下可以传输不经压缩的高质量数据电影。

1394b 是 1394 标准的升级版本，是仅有的专门针对多媒体——视频、音频、控制及计算机而设计的家庭网络标准。它通过低成本、安全的 CAT5（五类）实现了高性能家庭网络。1394a 自 1995 年就开始提供产品，1394b 是 1394a 技术的向下兼容性扩展。1394b 能提供 800 Mb/s 或更高的传输速度。

相比于 USB 接口，早期在 USB 1.1 时代，1394a 接口在速度上占据了很大的优势，在 USB 2.0 推出后，1394a 接口在速度上的优势不再那么明显。同时，现在绝大多数主流的计算机并没有配置 1394 接口，若使用必须要购买相关的接口卡，增加额外的开支。目前单纯 1394 接口的外置式光驱很少，大多都是同时带有 1394 和 USB 接口的多接口产品，使用更为灵活方便。

4. SATA 接口

SATA 是 Serial ATA 的缩写，即串行 ATA。它是一种电脑总线接口，主要功能是用作主板和大容量存储设备（如硬盘及光盘驱动器）之间的数据传输。2000 年 11 月由 "Serial ATA Working Group" 团体发布，目前，SATA 已经完全取代旧式 IDE 接口。

SATA 接口使用嵌入式时钟信号，具备了更强的纠错能力，与以往相比其最大的区别在于能对传输指令（不仅仅是数据）进行检查，如果发现错误会自动矫正，这在很大程度上提高了数据传输的可靠性。串行接口还具有结构简单、支持热插拔等优点。现在，SATA 分别有 SATA 1.5 Gb/s（150MB/s）、SATA 3 Gb/s（300MB/s）和 SATA 6 Gb/s（600MB/s）三种规格。未来将有更快速的 SATA Express 规格。

5. SCSI 接口

SCSI——小型计算机系统接口，是种较为特殊的总线接口，具备与多种类型的外设进行通信的能力。SCSI 采用 ASPI（高级 SCSI 编程接口）的标准软件接口使驱动器和计算机内部安装的 SCSI 适配器进行通信。SCSI 接口是一种广泛应用于小型机上的高速数据传输技术。SCSI 接口具有应用范围广、多任务、带宽大、CPU 占用率低，以及支持热插拔等优点。

SCSI 是一种连接主机和外围设备的接口，支持包括磁盘驱动器、磁带机、光驱、扫描仪在内的多种设备。它由 SCSI 控制器进行数据操作，SCSI 控制器相当于小型 CPU 处理模块，有自己的命令集和缓存。

SCSI 接口为光存储产品提供了强大的、灵活的连接方式，还提供了很高的性能，可以有 7 个或更多的驱动器连接在一个 SCSI 适配器上，但是 SCSI 接口的光驱需要配合价格不菲的 SCSI 卡一起使用，而且 SCSI 接口的光驱在安装、设置时比较麻烦，所以 SCSI 接口的光驱远不如 IDE 接口光驱使用广泛。SCSI 接口的磁盘或光驱产品更多的是应用于有特殊需求的专业领域，家用产品很少使用。

6. 并行接口

使用并行接口，用户无需打开机箱来安装，只需用电缆线连接在 PC 的并行接口上，再在系统内加载必要的驱动程序就可以正常使用。并行接口的数据传输率较低，采用双向模式可以达到 100 KB/s 到 530 KB/s 的数据传输率，而 EPP 模式则可以达到 1200 KB/s 的传输速度，是标准速率的 12 倍。但相对于内置式的 ATA/ATAPI 接口，这样的数据传输速度根本满足不了用户的需求。对于较为新型的外置式的 USB 或 IEEE 1394 接口，并行接口在速度和兼容性方面都要落后很多。并行接口的产品已被市场淘汰。

最早期的产品还采用过一些专用接口，如索尼、美上美、松下等厂商，都开发了本公司专用并行接口。此类接口之间互不兼容，如索尼的是 34 芯的接口，而松下的则是 40 芯的接口。因此，这类专用接口需要额外的硬件支持，如随机附带的驱动卡。另外，一些声卡如 Sound Blaster、Pro Audio Spectrum 等，也在卡上集成这类专用的并行接口。由于兼容性差，目前此类并行接口已极其罕见了。

（六）光驱的性能指标

可能很多读者会认为光驱的速度越快，其性能就越高。其实，要真正衡量其性能高低，还要看下面几个指标表现如何。

1. 传输速率

数据传输速率（Sustained Data Transfer Rate）是 CD-ROM 光驱最基本的性能指标，该指标直接决定了光驱的数据传输速度，通常以 KB/s 来计算。最早出现的 CD-ROM 的数据传输速率只有 150 KB/s，当时有关国际组织将该速率定为单速，而随后出现的光驱速率与单速是一个倍率关系，比如 2 倍速的光驱，其数据传输速率为 300 KB/s，4 倍速为 600 KB/s，8 倍速为 1200 KB/s，12 倍速时传输速率已达到1800 KB/s，依此类推。CD-ROM主要有CLV（恒线速度）、CAV（恒角速度）及P-CAV（局部恒角速度）3种读盘方式。

其中，CLV技术（Constant Linear Velocity，恒线速度）是12倍速以下光驱普遍采用的一种技术。CLV技术指从盘片的内道（内圈）向外道移动过程中，单位时间内读过的轨道弧线长度相等。由于CD盘片的内环半径比外环半径小，因此检测光头靠近内环时的旋转速度自然比靠近外环时的快，也只有这样才能满足数据传输速率保持不变这一要求。

CAV技术（Constant Angular Velocity，恒角速度）是20倍速以上光驱常用的一种技术。CAV技术的特点是，为保持旋转速度恒定，其数据传输速率是可变的。即检测光头在读取盘片内环与外环数据时，数据传输速率会随之变化。比如一个20倍速产品在内环时可能只有10倍速，随着向外环移动数据传输速率逐渐加大，直至在最外环时可达到20倍速。

P-CAV技术（Partial CAV：局部恒角速度）则是融合了CLV和CAV两者精华形成的一种技术。当检测光头读盘片的内环数据时，旋转速度保持不变，使数据传输速率得以增加；而当检测光头读取外环数据时，则对旋转速度进行提升。

2. CPU占用时间

CPU占用时间（CPU loading）指CD-ROM光驱在维持一定的转速和数据传输速率时传输数据所占用CPU的时间。该指标是衡量光驱性能的一个重要指标，从某种意义上讲，CPU占用率可以反映光驱的BIOS读写能力。优秀产品可以尽量减少CPU占用率，这实际上是一个编写BIOS的软件算法问题，当然这只能在质量比较好的盘片上才能反映出来。如果碰上一些磨损非常严重的光盘，会多次出现"读错—重读—正确读出"的纠正操作，CPU占用率自然就会上升，如果用户想节约时间，就必须选购那些读"磨损严重光盘"能力较强、CPU占用率较低的光驱。从测试数据可以看出，在读质量较好的光盘时，最好的与最差的成绩相差不会超过两个百分点，但是在读质量不好的光盘时，差距就会增大。

3. 缓存和格式支持

缓存的容量大小直接影响光驱的运行速度，其作用就是提供一个数据缓冲，它先将读出的数据暂存起来，然后完成高速缓存与系统内存之间的数据传送。光驱本身所带的缓存在一定程度上能够提高数据传输效率，理论上缓存越大速度越快。

第三节　光盘库技术的发展

（一）光盘库技术

光盘库实际上是一种可存放几十张或几百张光盘并带有机械臂和一个光盘驱动架的光盘柜。光盘库也叫自动换盘机，它利用机械手从机柜中选出一张光盘送到指定的驱动器进行读写。它的库容量极大，光盘柜中可放几十片甚至上百片光盘片，这种有巨大联机容量的设备非常适用于图书馆一类的信息检索中心，尤其是交互式光盘系统、数字化图书馆系统、实时资料档案中心系统、卡拉 OK 自动点播系统等。

光盘库的特点是，安装简单、使用方便，并支持几乎所有的常见网络操作系统及各种常用通信协议。

随着蓝光光盘技术的发展，现在蓝光光盘库成为此类产品的主流，光盘库单盘容量可以达到 100 ～ 300 GB，整个光盘库的存储容量不断增加。现有产品基本涵盖了桌面级的小型蓝光光盘库、企业级的大容量蓝光光盘库（数百 TB）和可扩展的 PB 级蓝光光盘库等。

与传统的磁盘阵列和磁带库相比，蓝光光盘库在存储寿命、后期维护成本、能源消耗及数据安全性方面优势明显，特别是随着数据分层理念的发展，光盘库在冷数据存储方面的优势更加突出，迎来了新的发展机遇。

在速度方面，随着多路光驱同步读写技术的成熟和虚拟存储技术的不断进步，光盘库有望接近当前普通硬盘的读写速度，进而满足热数据的在线保存和应用。

光盘库技术不是简单光盘驱动器的集成，而是硬件架构的进一步升级，成为以标准机柜为主结构、模块化灵活部署的光盘库硬件系统。

（二）虚拟光盘库系统

光盘库系统是 20 世纪末期出现的一种新型的光盘存储系统。早期的光盘库系统是一种非系统集成模式下的光盘库，它由光盘机的机械系统与盘库系统组成，如清华紫光在 20 世纪 90 年代初设计的 DE-1000 光盘库只具有一些简单的操作功能。随着光盘技术的发展，光盘库逐渐采用符合 ISO 国际标准的盘盒，使用符合标准的完整光盘驱动器，提高了系统兼容性，成为一种通用存储设备。

现代化的光盘库已不再是一种简单的盘片自动切换装置，它通常由机械手、片匣、光驱组合伺服部分组成。数据和控制信号通过高速 SCSI 或局域网接口与计算机系统相连接。由光盘库管理软件对光盘进行多线程的读写、复制等操作。通过高智能的光电一体化设备和现代化的管理软件，光盘库系统已成为高度虚拟化的海量存储子系统。它与半导体存储器和磁盘存储器相互弥补，构成了高效率和高可靠性的现代存储体系。

由于蓝光技术的进一步成熟，蓝光存储将成为新一代的光盘存储核心。其 200 GB 或 300 GB 的高密度蓝光光盘已经实现量产，蓝光光盘库变成容量更高、可靠性更强、性价比更高的光盘库系统。

光盘库和磁带库在虚拟存储方面的主要产品有美国菲康软件公司提出的一款 VTL 软件解决方案。它能够综合管理备份资源，提高备份操作的可靠性，提高备份效率。VTL 解决方案可基于行业标准的高速磁盘仿真，为虚拟磁带机/磁带库提供 iSCSI/IP[①] 或 FCSAN 架构上的备份服务器，VTL 软件方案能够支持市场中主流的磁带机、磁带库及经过由索尼、惠普、VERITAS 等厂商提供的备份软件。还有 IBM 研发的 TS 7510 虚拟磁带库，能优化数据备份的

---

① iSCSI（internet Small Computer System Interface）是基于 TCP/IP 协议的 SCSI 传输接口标准。

操作流程、缩短备份／恢复的时间、提供数据间的共享和资源虚拟化、降低 TCO（总体拥有成本）。

　　光盘库系统是由客户端和实体光盘库组成的，而虚拟光盘库则是在光盘库系统的基础上增加了一级缓存策略，它将盘库管理软件、光盘库硬件系统和缓存存储设备结合起来，形成一个共享的存储系统。这种系统大幅度提高了光盘库的使用效率。表 4.2 为磁盘阵列、光盘库、虚拟带库和虚拟光盘库特性对比。

表 4.2　磁盘阵列、光盘库、虚拟带库和虚拟光盘库特性对比

	磁盘阵列	光盘库	虚拟磁带库	虚拟光盘库
存取速度	快	慢	快	快
运行能耗	高	低	较低	低
存储容量	较小	大	大	大
数据共享	可以	否	可以	可以
信息安全	可被修改、删除	不可修改	可被修改	不可修改
使用寿命	平均无故障时间决定	30 年以上	3～5 年	30 年以上
TCO	高	低	中	低

资料来源：行业公开资料，联盟整理。

　　目前市场上常见的国内外光盘库厂商，主要有清华紫光、DISC GmbH、惠普、NSM 和 JVC 等公司生产的 DVD 光盘库。中国 NETZON 公司在 2009 年德国 Cebit 国际计算机与通信博览会推出了 HMS 系列光盘库设备。该光盘库采用机械手自适应技术，减少人工干预和故障率；支持 SATA 接口光驱。无需转接桥、速度高、稳定性好、可支持多光驱同步读写；支持 BD 蓝光光驱。提升未来的蓝光光盘库将会是一种容量更高、可靠性更强、性价比更高的光盘库系统。

　　蓝光技术极大地提高了光盘的存储容量，对于光存储产品来说，蓝光技术提供了一个跳跃式发展的机会。将这种碟片应用到大数据领域，类似于磁

盘阵列系统的机柜设置，便成为企业级的蓝光存储技术。

（三）光存储的主要特点

光存储由光盘表面的介质影响，光盘上有凹凸不平的小坑，激光照射到上面有不同方向的反射，再转化为"0""1"的数字信号就成了光存储。当然光盘外面还有保护膜，一般看不出来，但已刻录区域会存有刻录痕迹带，肉眼可视。刻录光盘就是这样的原理，就是当刻录的时候光比较强，烧出了不同的凹凸点。光存储具有以下技术特征：

（1）记录密度高、存储容量大。光盘存储系统用激光器作光源。由于激光的相干性好，可以聚焦为直径小于 0.001 mm 的小光斑。用这样的小光斑读写，光盘的面密度可高达 $107 \sim 108$ bit/cm^2。一张 CD-ROM 光盘可存储3 亿个汉字。

（2）光盘技术采用非接触式读写，光学读写头与记录盘片间通常有大约2 mm 的距离。这种结构带来了四方面明显优点：第一，由于无接触，没有磨损，所以可靠性高、寿命长，记录的信息不会因为反复读取而产生信息衰减；第二，记录介质上附有透明保护层，因而光盘表面上的灰尘和划痕，均对记录信息影响很小，这不仅提高了光盘的可靠性，同时使光盘保存的条件要求大大降低；第三，焦距的改变可以改变记录层的相对位置，这使得光存储实现多层记录成为可能；第四，光盘片可以方便自由地更换，并仍能保持极高的存储密度。这既给用户带来使用方便，也等于无限制地扩大了系统的存储容量。

（3）激光是一种高强度光源，聚焦激光光斑具有很高的功率，因而光学记录能达到相当高的速度。

（4）易于和计算机联机使用，这就显著地扩大了光存储设备的应用领域。

（5）光盘信息可以方便地复制，这个特点使光盘记录的信息寿命实际上为无限长。同时，简单的压制工艺，使得光存储介质价格低廉，技术门槛较低，为光盘产品的大量推广应用创造了必要的条件。

第四节　光存储在海量数据存储方面具有优势

目前，市场上的数据存储技术，主要有磁存储（磁盘、硬盘等）、电存储（SSD、闪存等）、光存储（光盘、蓝光光盘）三大方向。图4.5为存储介质发展情况。

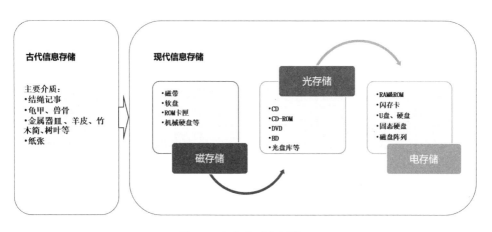

图 4.5　存储介质发展情况

资料来源：行业公开资料，联盟整理。

（一）现有存储方式存在的问题

当前的数据存储技术主要还是以磁、电存储技术为主，这种存储方式有着悠久的历史，有其独特优势，但也存在如下问题。

（1）磁存储技术无法有效地抗拒特定的电磁干扰，而且针对存储技术的数据盗取工具十分强大。在数据安全、人为信息窃取、对抗自然灾害方面，无法提供大数据所需要的高等级安全性，有着潜在的器质性数据损失风险。

（2）存储成本。磁存储因物理原因，工作耗电量大，而且随着存储量的提升耗电量也成比例提升。集中使用成千上万块磁盘时，运行产生温度需要空调或水冷却，能耗惊人。目前大数据中心往往要建在沿海、沿河，以及电力资源丰富地区，大大限制了数据中心的规划模式。

（3）硬盘和磁带的可靠寿命通常只有 5 ～ 10 年，时间越长磁盘数据丢失的现象越严重，并且数据中心每隔 3 ～ 5 年就将进行数据迁移，以防止磁存储介质的损坏带来的损失，增加了数据中心的维护成本。

根据思科公司估计，全球数据中心流量已经进入泽字节① （ZB，十万亿亿字节）时代，数据量从 2014 年的 3.4 ZB 增长到 2019 年的 10.4 ZB。其中云计算流量迅速增长是数据中心流量增长的一个主要原因，预计 2019 年云计算流量将达到 8.6 ZB。面对处理海量数据，原有的数据管理方式已经不能满足需要。于是冷数据的概念越来越得到人们的认可。

冷数据存储被定义为不活跃的数据的操作模式和存储系统。它相对于其他存储解决方案来说有明确的取舍。当部署冷数据存储时，预计数据检索时间将超出通常可以接受的可能被认为在线或生产应用的时间。这样做是为了节约投资和运营成本。

以 Facebook 公司为例，Facebook 公司每天都要存储来自用户的 3.5 亿张图片，这些图片将添加到 Facebook 公司已有的 2400 亿张图片库中。按照协议这些图片是不能删除的，但其中大部分的照片，人们不会每天都访问和观看，但仍需要将它们一直存储在磁盘中。它意味着可以使用合适的冷存储备份解决方案，这便需要专门提供适合企业业务和工作负载。

（二）三类存储介质及对比

传统的磁存储无法满足新大数据时代要求。蓝光存储特别适合海量冷数据的存储要求，它的优点体现在以下三个方面。

---

① 泽字节、计算机存储器容量单位，英文 ZettaByte，简称 ZB 是 EB 的 1024 倍，相当于 10 万亿亿字节。

1. 安全性高

光存储技术更适合超大规模的冷数据存储需求，光存储技术加速代替磁存储技术，其相对于磁存储优势明显（表4.3）。

表 4.3 蓝光存储与磁存储方式比较

存储种类	磁带	磁盘（硬盘）	蓝光光盘
保存年限	5～10 年	10 年	50～100 年（预估值）
目前成本	相近	较高	相近
未来成本趋势	低	较高	极低
设备兼容性	跨代不兼容	兼容	兼容
目前容量	800 GB	1000 GB	200GB/ 片（倍数增长）
目前读取速度	写快读慢	快	快（倍数增长）
读取次数	100～500 次	1 万次	10 万次
写入次数	100～500 次	10000 次	1000 次
病毒影响	受影响	受影响	不受影响
记录方式	可修改	可修改	不可修改

数据来源：紫晶存储公开资料，联盟整理。

2. 保存时间长

大时间跨度的数据保存，要求介质能够长期可靠地保存。通过各项性能指标，可以看到新型存储介质 BD-R（蓝光光盘）在突破容量瓶颈和生产成本后，将成为数据备份存储的最佳选择。

3. 介质成本低

以几何指数增长的数据产量，要求更低的介质价格，光存储的成本远远低于其他存储方式。表 4.4 为不同介质成本比较。

表 4.4　不同介质成本比较

产品	品牌	单个产品容量	平均价格（元 /GB）	最低价格（元 /GB）	最高价格（元 /GB）
硬盘（磁存储）	希捷、西部数据、日立、三星	500GB ～ 16TB	0.66	0.34	1.2
固态硬盘（电存储）	OCZ、Ejitec、Intel、PhotoFast、金士顿、拓奇、美光、威刚、三星、现代、创见、源科、实忆、闪迪、捷泰科	120GB ～ 8TB	5.34	3.16	8.75
蓝光光盘（光存储）	铼德、万胜、啄木鸟、威宝、紫晶	25 ～ 300GB	0.42	0.15	1

数据来源：紫晶存储公开资料，联盟整理。

　　长期可靠保存数据，大大凸显出降低存储能耗成本的重要性。麦肯锡报告，到 2020 年，数据存储中心将成为全球温室气体最大排放者。同样容量下，光存储耗能远低于磁电介质表 4.5。

表 4.5　蓝光存储与磁电存储能耗比对

	磁电介质的云存储系统	光电磁融合的云存储系统
容量	1EB	1EB
水资源	大型数据中心，需要水冷，每天消耗循环水约 8000 吨	大型数据中心、不需要水冷，水资源消耗接近于 0
碳排放	12 万吨碳排放 / 年	大约 2 万吨碳排放 / 年
电子垃圾	磁盘或者固态盘的寿命一般为 5 年，20 年产生废弃硬盘或固态盘 1 千万块	按照 10% 的电、10% 的磁、80% 的光来计算，20 年产生废弃硬盘或固态盘 200 万块，废弃光驱 24 万个。废弃光盘盘片可 100% 回收循环利用

数据来源：紫晶存储资料，联盟整理。

当然，光存储也存在一定的缺陷。一般来说，光盘读写速度比磁盘读写速度低。而由于光盘的记录密度如此之高，盘片上极小的缺陷也会引起错误。光盘的原生误码率比较高，使得光盘系统必须采用强有力的误码校正措施，从而增加了设备成本。光存储目前的技术问题，有的已经或正在解决，有的成为了研究的重要课题。

针对传统光盘单个容量小、读取速度慢的问题，紫晶与武汉国家光电实验室合作研发了光盘机柜，以及磁光电融合技术，已解决了该难点。

第五章　光存储产业链情况

◆ 我国光存储产业的发展

◆ 光存储产业市场规模测算

◆ 上游原材料和生产设备

◆ 光盘生产环节

◆ 下游应用情况

第一节　我国光存储产业的发展

我国光盘复制业自 20 世纪 80 年代开始，经历了从零起步、跨跃发展、资源整合等发展阶段，逐步形成了环渤海、长三角、珠三角 3 大复制产业带。光盘产业是我国新闻出版产业当中与数字技术联系最紧密、装备技术含量高的产业，在消费市场辉煌的时候，我国光盘复制产量接近世界总产量的三分之一，成为全球主要的复制加工基地。后来，随着网络技术的兴起，消费市场不断萎缩，市场也受到其他存储介质的挑战。

总体而言，我国的光存储产业虽然形成了一定的产业基础、培育了一批高素质的产业人才，但在存储技术变革的大背景下，我国的光存储产业发展依然面临很大的压力。

（一）我国光盘复制产业发展历程回顾

1. 起步阶段（20 世纪 80 年代）

20 世纪 80 年代，以光盘为载体的音像产品在全球范围内掀起了数字化热潮，促使整个影视产业链发生了巨大变化。影视作品，尤其是动画片不再通过传统的电视台、电影院发行，也不再靠盒式磁带传播，而是以影碟的方式直接售卖给消费者。

这种发行方式成本较低，既有利于观众及时迅速地以较低成本获得影视作品，也有利于制作发行方收回成本，因此迅速普及。最初，以激光唱盘为主的光盘类产品受到了音乐爱好者的追捧。VCD 影碟机和家庭影院的出现与普及更是让光盘走入了千家万户。一时之间价格低廉的 VCD 影碟机迅速成为众多家庭的必备品。在同一时期，带有光驱的 Play Station 游戏机问世，采用了 CD-ROM 大容量存储介质的游戏机实现了 3D 图形加速和电脑 CG 动画等以前难以想像的强大功能，使得 Play Station 游戏机迅速占领了游戏主机市场，更为重要的是，自 Play Station 之后，光盘几乎成了游戏机的标准存储设备。

1995 年，微软公司推出的 Windows 95 操作系统，让原本复杂的电脑操作变得简单而轻松易用。同时，Windows 95 的多媒体属性也让原本沉闷而单调的个人电脑变成了影音俱佳的数字娱乐平台。人们欣喜地看到，一张 CD 光盘能够轻松地装进以前需要几十张软盘才能存下的数据或软件，CD-ROM 光盘庞大的数据容量，让它在多媒体电脑时代找到了用武之地。

在多重市场需求的推动下，1991 年 10 月，我国第一家正规光盘企业设立投产，此后数年间，我国光盘复制生产企业如雨后春笋般迅速发展起来。有资料显示，1992—1996 年，尽管国家多个部委连续发布多个从严审批、限制引进光盘生产线的通知，但国内经各种渠道批准引进的光盘生产线已达数百条，未经批准擅自进口的生产线更以百计。

2. 规范发展阶段

光盘复制业的发展带来了影音市场的繁荣，也无意间助推了影音市场的乱象，正版与盗版产品之间的巨大利润差额，使得大量盗版光盘充斥市场，地下光盘厂屡禁不止，严重阻碍了光盘复制行业的健康发展。针对这种情况，1996—2006 年，国家连续出重拳进行整治：一是把光盘复制行业交新闻出版行政部门归口管理，改变了以往"多头管理"的状况，明确了政府部门管理主体，出台了多项整治措施；二是将光盘复制行业列为重点管控行业，严格限制光盘复制生产设备的进口数量，严格禁止进口二手设备，促进产业发展由量的增长向质的增长方面转变；三是加大对盗版市场打击力度。据全国"扫黄打非"办公室统计，从 1996 年至 2006 年，各地"扫黄打非"部门共查缴非法光盘生产线 227 条。对合法设立的光盘复制企业违法违规行为进行了严厉处罚，先后吊销了 10 余家企业的经营许可，从事盗版活动的相关人还受到了刑事处罚。

3 整合发展阶段

1994 年，中国实现与国际互联网的全功能连接，开启互联网时代。互联网的发展深刻地影响了中国人的生活，也改变了电子娱乐消费市场格局，同样改变了我国光存储产业的发展历程。

但随着互联网技术的发展和普及，人们越来越多地通过网络来传播、消费音乐、影视和游戏等娱乐内容。近几年，随着移动网络的发展，通过手机、平板电脑等移动设备消费娱乐类产品的人群增长更为迅速。光盘的消费市场迅速萎缩，我国的光盘复制业的企业数量，盈利能力也不断萎缩。根据相关行业组织的统计，2010—2014 年，我国光盘复制企业数量由 121 家减少到 87 家，减少了 28.1%；资产总额由 166.77 亿元减少到 104.12 亿元，减少了 37.6%；光盘总产量由 67.14 亿片减少到 49.35 亿片，减少了 26.5%；总产值由 55.87 亿元减少到 41.20 亿元，减少了 26.3%。

1990—2010 年前后，光驱一直作为计算机的重要标准配置之一，是计算机输入数据的重要途径。光盘以其低廉的成本、较大的容量，成为众多 IT 类产品的标准配套材料。我国很多光盘复制企业的主要业务也都来源于 IT 产品配套光盘市场，据统计，其市场份额一度达到光盘总复制量的 50% 以上。然而随着互联网的普及和小型快速存储介质的技术发展，消费类计算设备逐步向移动性、便携性方向发展，数据输入主要通过网络和移动网络实现，光驱的必要性逐步减弱。特别是在笔记本、平板电脑、智能手机等便携式设备普及的影响下，光盘的复制数量急剧下滑。

在这一时期，光盘的格式之争也在不断展开，多种光盘格式不断整合，最终在 2008 年 2 月 19 日，以东芝为代表的 HD DVD 派系最终宣布放弃 HD DVD 业务，至此，蓝光光盘正式成为下一代光盘的标准格式。

（二）我国光存储产业发展的启示

从 20 世纪 80 年代起，我国光存储产业迅速发展，但实际上围绕光盘复制的多项技术和专利均掌握在飞利浦、索尼、松下等国外企业的手中，国内相关企业被迫缴纳高额的专利许可费用。

为此，我国光存储产业的有识之士一直寻求在各项关键技术上实现突破。1996 年，由国家发展改革委员会批准设立光盘国家工程研究中心（简称光盘中心）。光盘中心开始建设、运营，承接国家科研任务，至 2003 年 11 月正式通过国家项目验收。2004 年，以中国科学院上海光学精密机械研究所和中国科学院上海微系统与信息技术研究所为主要依托单位，国家"光盘及其应用国家工程研究中心"在经历了近十年的建设与运营之后，正式通过了国家有关管理部门的评估验收。

这两家国家级研究机构，一直致力于将具有市场前景的光盘科研成果产业化，针对光盘机、光盘系统工程和光盘电子出版物的关键技术与产品，开发新型光盘存储技术和应用系统，解决光盘母盘刻录技术、光盘存储材料与成膜工艺等进行工程化开发、验证过程中的各项技术问题。为推动我国光盘产业的形成和发展做出了重要的贡献。

与此同时，部分企业也在取得了专项技术突破。2000 年，苏州三力声像设备有限公司在进口设备的基础上，经过两年多的研发，自主设计开发了光盘生产线的控制软件、自动化流程结构及机械手等多个关键项目，成功生产出第一条国产的光盘复制生产线。

2001 年，数码光盘注射成型机被列入国家重点新产品项目，一个由原国家机械工业部北京机床研究所，中国科学院技术部（北京科学仪器研究中心），北京航空航天大学等多科研院所、多企业合作的国产化光盘生产线联合攻关体也同时成立。北京盛世联光影视文化有限公司等负责生产线的高速铝溅射真空系统、精密注塑镜面模具、全线自动化传输及控制系统的研发，广东泓利机器有限公司（原秦川恒利机器有限公司）则负责光盘注射成型机研制。2002 年 3 月光盘注射成型机试制成功；5 月通过原国家新闻出版总署和中国音像协会光盘工作委员会批准；8 月整机搬运到广东新佩斯光电公司，会同其他研制单位的设备，组成了光盘生产线，并进行联机试验。2003 年 4 月，清华大学光盘国家工程研究中心专家对该光盘生产线进行在线和离线产品多项性能指标的检测，CD、VCD、CD-R光盘技术指标全部符合国际相关标准要求，打破了一直由国外垄断光盘信息复制技术的局面。

目前，我国光盘复制行业已建立了包括产、学、研、用等多方面力量的研发及应用体系，具备了研发各种新型光盘格式的能力，开发了多种光盘内容保护和加密技术。同时，在光盘保护层胶水、可刻录类光盘记录层染料与溶剂等原辅材料的研发与生产方面掌握了部分自主专利技术，并实现了产业化。

如同其他存储介质一样，大数据产业的发展既给光存储产业带来了诸多挑战，也迎来了重要的发展机遇。我国的光存储产业具有一定的产业基础，希望能够通过光存储产业一条龙产业链的梳理，打破国外专利围墙，真正实现在光存储领域的自主可控，为我国存储器产业的发展补全重要的一环。

第二节 光存储产业市场规模测算

根据国海证券相关研究报告的统计，我国光存储产品市场规模 2014 年为 135 亿元，同比增长 15.6%，五年均保持 20% 以上的增速，市场成长性和空间都极具吸引力。

光盘生产产业链（如图 5.1）相对比较简单，上游提供原材料和生产设备，光盘生产工艺流程处理后生产出相应光盘（不同光盘类别工艺有所差异），然后产品销往下游企业，有数据中心、文史档案馆、政府、金融、部队，以及会产生大量数据的企业用户。

从构成上来看，主要涉及盘片、驱动器和软件三个主体部分，此外检测设备也是光盘产业链中必不可少的设备。

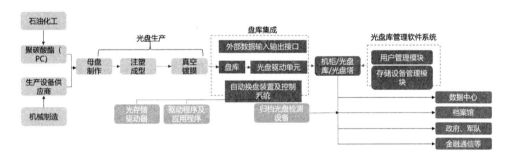

图 5.1 光盘生产产业链

资料来源：相关研究报告，联盟整理。

第三节　上游原材料和生产设备

光学级聚碳酸酯（PC）以其优良的性能特点而成为世界光盘制造业的主要原料。世界光盘制造业所耗聚碳酸酯量已超过其总量的 20%，其年均增长速度超过 10%。

（一）聚碳酸酯生产工艺

聚碳酸酯（PC）是分子链中含有碳酸酯基的高分子聚合物，根据酯基的结构可分为脂肪族、芳香族、脂肪族—芳香族等多种类型。

工业中常见的是双酚 A 型 PC，可由双酚 A 和氧氯化碳（$COCL_2$）合成。现较多使用的方法为熔融酯交换法（双酚 A 和碳酸二苯酯通过酯交换和缩聚反应合成）。

聚碳酸酯工业化生产工艺（如图 5.2）的发展先后经历了溶液光气法、界面缩聚光气法、熔融酯交换法和非光气熔融酯交换法。溶液光气法由于经济性差且存在环保问题，已被淘汰。非光气熔融酯交换法不使用有毒光气、原料苯酚可循环利用、不需要干燥和洗涤，属于环保型生产工艺，是今后聚碳酸酯生产工艺的发展方向。

（二）聚碳酸酯生产商

我国聚碳酸酯需求量较大，且以每年 8% ～ 12% 的速度快速增长。我国是 PC 的进口大国，据"化工在线"统计，2015 年国内 PC 的表观消费量（即总产量加进口量减掉出口量）约 165.5 万吨，进口量为 142.7 万吨，出口量为 21.1 万吨，自给率不到三成。目前，国内 PC 应用以电子电器产品、板材、以及汽车配件为主体（如图5.3）。

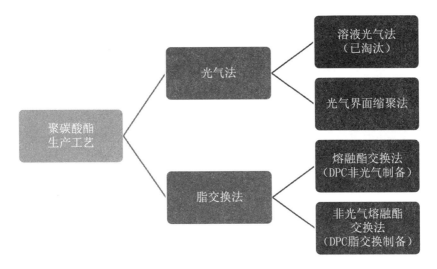

图 5.2　聚碳酸酯生产工艺

资料来源：行业公开资料，联盟整理。

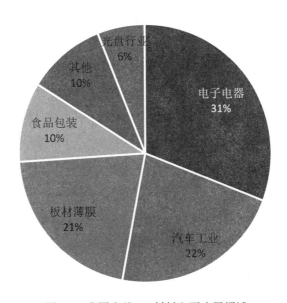

图 5.3　我国当前 PC 材料主要应用领域

资料来源：化工在线，联盟整理。

而就全球来讲，PC 的用途主要以建材和汽车配件为主。光学存储材料生产方面我国稍显不足。

根据全球的 PC 应用分布趋势，以及 PC 自身的性能特点，我国未来 PC 的应用发展应该会更加侧重于汽车配件、建材及光电领域（如图 5.4）。

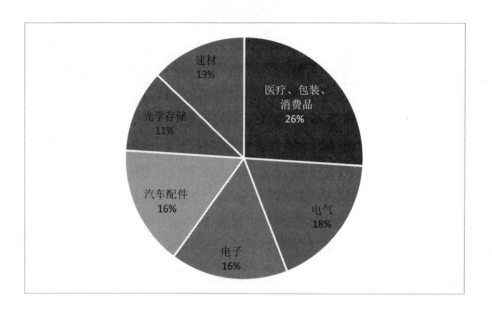

图 5.4　我国未来 PC 材料主要应用领域

资料来源：化工在线资料，联盟整理。

全球聚碳酸酯产能约 546 万吨／年，集中在东北亚、北美和西欧地区（如图 5.5）。主要生产企业有科思创、SABIC、三菱化学、帝人、Trinseo 等。

由于聚碳酸酯生产技术门槛较高，产能主要集中在跨国化工企业，供给高度集中。据相关统计，全球前六大公司产能占比高达 90% 以上。

生产光盘的原材料有国际知名的几大品牌：德国 Bayer、美国 GE、日本 Panlite、萨比克、三菱气体／三菱化学、帝人等公司。

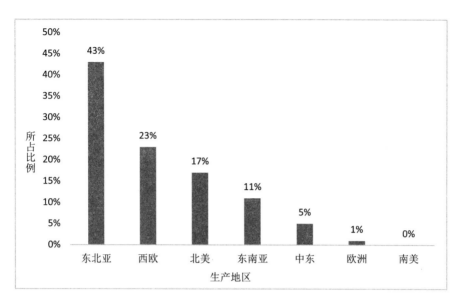

图 5.5 PC 材料主要产区

资料来源：化工在线，联盟整理。

随着科思创（Covestro）在上海 PC 产能翻倍至 40 万吨／年，以及鲁西化工一期项目投产，2016 年，我国 PC 产能近 90 万吨／年。中国 PC 产能主要集中在外资企业，其产能占中国总产能的 7 成以上。按地区统计，中国 PC 主要集中在上海、浙江、北京和山东等省市。

1. 国外主要企业

科思创是一家制造用于关键产业的高科技聚合物材料的世界领先生产商，也是聚碳酸酯开发和生产的领先企业。科思创在其聚碳酸酯领域提供的材料为颗粒状、半成品或作为与其他塑料结合的混合物。科思创的 PC 产能目前为全球第一，产能 168.5 万吨。

SABIC 是总部设在沙特阿拉伯利雅得的多元化学品的全球领先企业。它在美洲、欧洲、中东和亚太地区设生产厂，制造明显不同种类的产品：化学品、化肥和高性能塑料、石化产品和金属。SABIC 的 PC 产能目前排全球第二，产能 136.3 万吨。

三菱化学集团成立于 1950 年，是由三菱化学株式会社，三菱化学控股株式会社，三菱制药株式会社，以及 3 个公司的下属企业组成。公司主要以以下业务为主：功能材料和塑料产品（包括信息及电子产品、专业化学制品、制药）；石油化工；煤碳及农业产品。三菱的 PC 产能目前排全球第三，产能 57.5 万吨。

帝人株式会社成立于 1918 年，是在全球范围内开展高性能纤维、化学品、复合成形材料、医药、家庭医疗、IT 等业务的集团企业。帝人的 PC 产能目前排全球第四，产能 43.5 万吨。

盛禧奥（Trinseo）是一家全球性的化学材料提供商，同时也是塑料、胶乳黏合剂与合成橡胶的制造商。盛禧奥塑料产品组合包括聚碳酸酯、工程聚合物、ABS 树脂、聚苯乙烯和聚丙烯系列材料。其塑料产品应用于包括汽车、消费电子产品、电气与照明及医疗设备等领域。盛禧奥的 PC 产能目前排全球第五，产能 27.1 万吨。

2. 国内主要企业

中国聚碳酸酯产量和消费量增长迅速，但引进量居高不下。近年来，国家出台了多项政策，鼓励建设聚碳酸酯项目，科研单位在具有自主知识产权聚碳酸酯生产工艺方面取得突破，国内企业开始投建、扩建聚碳酸酯项目。中国在建聚碳酸酯项目合计超过 200 万吨，而在近两年内将有超过 100 万吨的产能集中释放，预计以后中国聚碳酸酯进口比例将逐年下降。但是要注意产能过剩带来的问题。

目前，工业和信息化部组织开展了"化工新材料进口替代"工作，并且已经将 PC 列入其中。国内 PC 企业近年来呈现出较良好的发展势头，纷纷上马、扩产 PC 项目。表 5.1 为国内新建 PC 项目产能及生产工艺。

表 5.1 国内新建 PC 项目产能及生产工艺

生产厂家	生产工艺	产能	类型
中沙（天津）石化有限公司	光气界面缩聚法	26	新建
阳煤集团青岛恒源化工有限公司	非光气熔融酯交换法	10	新建
环球联合化工有限公司	非光气熔融酯交换法	13	新建
泉州恒河化工有限公司	—	10	新建
利华益伟远化工有限公司	非光气熔融酯交换法	10	新建
泸州市工业投资集团有限公司	非光气熔融酯交换法	2×10	新建
宁夏瑞泰科技股份有限公司	光气法	6	新建
拜耳（上海）聚合物有限公司	熔融酯交换法	20	新建
万华化学集团股份有限公司	光气法	20	新建

注：产能单位：万吨。

资料来源：行业公开资料，联盟整理。

宁波浙铁大风化工有限公司（简称大风化工）位于宁波石化经济技术开发区，成立于 2011 年 5 月，是浙江省交通投资集团有限公司旗下化工板块重点企业之一，为浙江江山化工股份有限公司全资子公司。

大风化工专业从事 PC 的研发、生产和销售，拥有 PC 制造技术自主知识产权。PC 用途广泛，主要应用于光学、电子电气、汽车、建筑、办公设备、包装、运动器材、医疗保健、航空航天等领域，还可与其他树脂制成塑料合金，以满足特定应用领域对成本和性能的要求。

"十二五"期间，大风化工一期 10 万吨 / 年 PC 联合装置已于 2014 年年底建成投产，公司采用绿色、安全、无毒和清洁的非光气法 PC 生产工艺，全流程非光气路线从源头避免光气的产生，规避了其泄露对人和环境造成的风险。

烟台万华新材料事业部，它隶属万华化学功能材料解决方案业务板块，主要包括热塑性聚氨酯弹性体（TPU）、高吸水树脂（SAP）、聚碳酸酯（PC）、聚甲基丙烯酸甲酯（PMMA）。

万华是拥有自主知识产权的光气界面缩聚法PC生产商，提供PC树脂及共混改性产品，广泛应用于汽车、电子电气、家用电器、板材与薄膜、光学、医疗和消费品等领域。万华化学烟台工业园一期，7万吨/年界面光气法聚碳酸酯装置于2018年年初成功实现连续化生产，并产出高品质合格产品。

中沙（天津）石化有限公司（简称中沙石化），是中国石油化工股份有限公司和沙特基础工业投资公司共同出资设立的大型石油化工企业，成立于2009年10月20日，生产包括化学品21种、功能性化学品5种、聚合物产品3类28个牌号的产品，借助股东双方强大的营销网络，供应国内各主要市场。目前正在推进聚碳酸酯项目建设。中沙石化的PC产能目前排全球第十，产能13万吨/年。

（三）光盘生产线所用设备

光盘生产专用装备主要包括：PC原料干燥机、复制线、印刷机、制版设备、母盘线、可录生产系统、真空溅镀机、真空黏合机，以及光盘检测装备等。光盘生产通用设备一般包括：空压机、冷干机、冷水机组、空调机组、排风系统、水处理机、氩气、真空机配电设备等。

第四节　光盘生产环节

光盘生产线（如图 5.6）曾经一度在我国大量出现，以 CD-ROM 为例，可以简单地分为五个主要环节：（1）预制主片；（2）制主片；（3）电铸；（4）复制；（5）印刷包装。

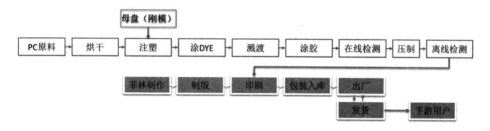

图 5.6　光盘压制工艺和印刷工艺流程

资料来源：行业公开资料，联盟整理。

（一）生产工艺

1. 预制主片

预制主片又称母盘制件，一般包括预制、刻录、制母盘和电镀几个环节。在预制主片过程中所制出的 CD 凹点，是所有制造形成物中极小的——每一个只有烟雾的颗粒大小，这就意味着极微小的杂质也会损坏大量数据。所以制造主片及 CD-ROM 的生产过程中，一个关键条件就是空气中微粒数量要得到严格控制，保证洁净的工作环境。

尽管现在有多种制作 CD 主片的方法，但最常用的是感光性树脂系统。这种方法是将感光性树脂（一种光敏化学物质，与冲洗黑白照片用的感光乳剂相似）用于一个经特殊处理的玻璃基片上，以制出一个玻璃主片盘基。感光性树脂涂膜厚度大约为 1/8 μm——人的头发 1/640。计算机将格式化后输入媒体上的信息，转化为激光束记录仪上一系列"开"和"关"的脉冲，通过这一激光编码过程将数据记录到感光树脂涂膜层上。在一个螺旋形轨道上，激光束记录仪使部位感光性树脂在激光下曝光，这样就生成了光盘的具体内容。玻璃母盘也要用化学显像药水来进行显影。感光性树脂上曝光的部分被腐蚀掉以后，就在抗蚀性的表面上形成了上亿个微小的凹点。经过显影之后，要在感光性树脂表面蒸敷上一层金属膜（通常是银），以便其后玻璃主片电铸时有一个导电的表面。

2. 电镀

电铸的最终目的是，产生用于复制 CD 的金属模子。在制作玻璃主片的这一过程中，由于有一层银膜而导电的主片，浸浴在含有镍离子的电解质溶液里，通过一个电路使其通电后，带有光盘映像的玻璃主片上的曝光区域不断吸引镍离子。镍层不断加厚，并与曝光后的感光树脂表面上腐蚀出的凹点和表面（凹点之间的部分）的轮廓一致。最终形成一个厚且坚固的镍片，其金属表面上留下了与光盘完全相反的印膜。这一片原始的金属片被称为金属主片或是"父片"（Father）。之所以称其为"父片"，是因为它将被用于生成另外两个金属片，分别称为"母片"（Mother）和"模片"（Stamper）。通过其后的电铸过程，母片和模片的数量不断增加。母片是由父片而来的，而模片又是由母片而来的，每一片是另外一片的相反呈像。模片是金属主片的完全复制品，也是这一生产阶段的最终产品。金属模片用来进行塑料 CD 复制品的大规模生产。

3. 复制

生产 CD-ROM 成品的第一步，是将数据从模片上转移到塑料基片上。

一个高精度的注塑模具将光学等级的塑料所制成的融化树脂注入模具空腔。模具的一面是模片。这一过程只需要几秒钟，其产品是一个其中一面印有点的轮廓清晰的塑料盘。其后塑料盘载有数据的一面要镀上一层极薄纯铝，这是为了形成一个读出盘上数据所必须的反光表面。

典型的给盘镀金属的方法是溅镀（sputtering）。在溅镀过程中，每一张盘都被喷射上铝原子，以产生均匀的镀层。生产的最后一步是在铝表面再加上一层坚固的漆膜。这一层漆保护铝膜不会被划伤，不会被氧化，并可作为标签印刷的工作表面。

4. 印刷

通过高速丝网印刷或是胶版印刷，可以将图片印在盘的漆层上。丝网印刷是最常使用的方法。它是将图片转换为一张网格状图，油墨通过网附着在盘上。这一过程与蜡纸印刷相似。胶版印刷使用墨滚及印刷台转换图片。这一方法在传统商业印刷中使用广泛，现在也用于光盘商标的印刷。胶版印刷进行图片翻版时可以取得更高的分辨率，它优于丝网印刷的地方是，可以印刷增强的四色图片及其他的复杂图形。

5. 包装

印刷之后，光盘或是自动或是手工进行包装。尽管现在有许多其他可行的进入应用的包装方法，但塑料盒子仍然是 CD-ROM 使用最多、最普遍的包装方法。这是由于塑料盒坚固耐用，并且全自动化的生产线很普及。其他被普遍使用的包装方法（其中一些方法可能需要手工操作）包括：

（1）轻型包装，如 Tyvek（特卫强纸）和纸板套。

（2）透明塑料套，如 Viewpaks。

（3）有益环保的纸板质地的盒子，如 Digipaks 的 Ecopaks。

（二）光盘复制行业发展情况

从 20 世纪 90 年代初到现在，我国光盘复制行业经历了蓬勃发展期、平稳过渡期、调整期三个阶段，如今依然处于调整期，近年来光盘复制业市场一直在萎缩，在走下坡路，有些企业出现经营困难的局面。我国光盘复制行业已编制并公布了《可录类光盘 CD-R 常规检测参数》《可录类光盘 DVD-R DVD+R 常规检测参数》《可录类光盘产品外观标识》《只读类光盘 CD-DA 常规检测参数》等 16 个光盘复制行业标准和多个音像制品质量技术要求。这些行业标准和技术要求涵盖了多种类型光盘生产及检测环节，初步建立了我国光盘复制行业标准体系。

目前，我国光盘复制行业已建立了包括产、学、研、用等多方面力量的研发及应用体系，具备了研发各种新型光盘格式的能力，开发了多种光盘内容保护和加密技术。国家主管部门建立了光盘复制产品质量检测机构。通过每年的定期检测和不定期抽样检测，对光盘类出版产品进行抽查检测，有效地督促企业向消费者提供合格的光盘产品。近几年，光盘产品抽查合格率均在 95% 以上，表明我国光盘复制质量整体水平良好。

根据 2017 年《光盘复制业"十三五"时期发展指导意见》的总结。近年来，随着数据存储技术变革和网络技术的飞速发展，传统光盘市场需求呈快速递减趋势，我国光盘复制产值和产量均出现不同幅度的下降。同时，光盘技术应用范围不断扩展，逐渐融入数字出版、档案保管、大数据存储等领域，呈现出多元化融合的发展趋势。

"十三五"期间，我国光盘复制业的预期发展目标为：进一步提升产业集约化水平，逐步形成以 5～8 家国家光盘复制示范企业为主体、其他企业为补充的产业格局；加快产业结构调整，加强产品质量检测，光盘复制产品市场抽查质量合格率不低于 90%，保持较高地供给质量和水平；建立大容量光存储技术研究应用体系，使光存储技术升级、大容量光盘复制生产能力适应多样存储市场的需求。

在主要任务中提到，要进一步推动产业资源整合。完善"国家光盘复制示范企业"建设，鼓励有条件的企业进行兼并重组、升级改造，开拓新业务新领域，满足多元化市场需求。加强产业发展情况监测，强化事中事后监管，及时依法依规注销"僵尸企业"的经营许可证，吊销严重违法违规企业的经营许可证。

要进一步完善行业标准体系建设。适应光盘复制行业市场需求变化，及时制定或修订相关标准。进一步加强行业标准宣传贯彻，扩展行业标准应用范围。推动企业加强标准化建设，严格依照标准进行生产。进一步完善光盘质量检验检测标准，提高监管标准化水平，发挥标准的"准法规"作用。

在光存储方面，要推动大容量光存储技术发展应用。关注数据安全存储、绿色存储和长寿命存储市场需求变化，鼓励光盘复制企业参与大容量存储光盘的研发及产业化，满足个性化数据存储需求，培育大数据光存储市场，逐步拓展光盘在数字出版、档案存储，以及大数据存储等方面的发展空间。为我国光盘行业的发展提供发展思路。

第五节 下游应用情况

蓝光存储应用范围十分广泛，只要是对数据存储要求较高的行业和企业都可以运用该项技术。目前，国内存储市场容量的行业排名依次为政府、金融、通信，而快速增长的行业包括传媒、教育和医疗。未来随着国家对数据中心的支持和数据量激增，蓝光存储应用范围还将进一步扩大。图 5.7 为光存储产品应用场景的部分实例。

网络、通信	• 数据中心、通信运营商 • 大数据、云存储、互联网信息
金融	• 银行、保险、证券 • 监控影像、客户资料、交易信息等
媒体	• 广播、电视、影视、广告 • 节目剪辑、影视素材
文博馆	• 博物馆、图书馆、文史馆、档案馆 • 图片库、照片库、影像库、电子文库、历史档案留存
公安	• 公安管理系统、交警管理系统 • 户籍资料、视频图像、案件资料、车驾信息留存
司法	• 公检法机关、海关 • 司法数据
医疗	• 医院、制药企业 • 医疗影像、病例、患者信息、临床数据
政府机关	• 各委办局 • 政府信息、存档文案、历史数据
军队	• 各军事单位 • 作战指挥、军事档案、军事数据存储
教育、科研	• 科研院所、大中院校 • 实验数据、学生信息、教学资料、科研资料等
大型企业	• 经营数据、技术资料、客户信息、文档文案等

图 5.7 光存储产品应用场景举例

国外光盘库的硬件技术主要掌握在日本企业手中，因为日本的光盘业非常发达。产业链包含光盘生产、光驱、盘库制造，主要厂商为松下、索尼、日立等企业。美国在存储软件方面具有领先优势，如 Facebook、谷歌、亚马逊等都在开发自己的存储系统。国内做光存储产业的主要有华录，其软硬件技术主要源自于日本松下；紫晶存储，主要技术由自己开发，部分技术源自于日本日立，是一家全产业链企业；苏州明基电通，技术源自于明基集团；苏州互盟，光盘库、离线柜继承了德国蔡斯（ZEISS）公司的相关技术及工艺，几家都依托自家产品在做应用软件开发工作。

（一）应用案例——湖南省档案馆提供数字化建设

近年来随着数字化技术的全面推进，全国各地档案馆均在加快档案信息建设步伐，推进档案信息资源的共享利用，档案数据的价值正在逐渐被挖掘和体现。数据作为最重要的核心资源，除了现已存在的电子文件永久存储在多种介质中，还需要对大量新增文件做好数据归档和备份。

湖南省档案馆始建于 20 世纪 50 年代末，1974 年 3 月正式启用湖南省档案馆钤印。现有馆藏档案 290 个全宗，40 余万卷（册），资料 2 万余卷（册）。档案起讫年代上至清顺治年间，下迄 20 世纪 90 年代。其中清代与民国时期档案计 127 个全宗；革命历史档案 10 个全宗；中华人民共和国时期档案 153 个全宗。

在馆藏 40 余万卷档案、资料中，浸透了几代默默无闻的档案工作者的辛劳汗水，它真实地记录了湖南省近现代历史发展变化的轨迹与概貌，同时也是一种丰富的文化积存。其中不乏反映重大历史事件的珍贵档案史料。

为长期安全的存储湖南省珍贵馆藏资料并实现档案数据高效应用，紫晶存储公司为湖南省档案管提供一整套基于光存储技术的长期存储解决方案，光存储系统对外提供标准的 NAS 接口，可以与各种业务系统直接对接，非常简单便捷。对于业务系统过来的数据，使用生命周期（DLM）管理办法，把数据识别分类为冷数据和热数据。需要经常访问的数据为热数据，自动缓存到硬盘上，可以进行高效率访问。数据长时间不访问者则沉淀为冷数据，刻录在蓝光光盘上进行永久保存。在蓝光光盘存储的数据视为近线数据，可以在线上通过 NAS 进行访问，读取效率会稍低于磁盘。

上述方案应用于湖南省档案管的数字化建设中，体现出如下技术优势。

智能存储：电子档案数据自动保存在磁盘和光盘介质上，数据多介质、存储全部实现自动化。

安全可靠：保证数据在物理层面做到安全、不可篡改，满足用户"一次写入，多次读取"的应用场景需求。

永久保存：对档案馆每年产生的大容量档案数据进行永久保存，存储介质采用自主生产的档案级蓝光光盘，寿命 50 年以上。

应用便捷：大容量光存储系统可通过网络直接与档案馆业务系统对接，能实现电子档案数据在线查阅利用。

（二）核电站——容灾备份

"大数据"应用是当前社会发展潮流，是企业竞争力提升与创新发展的重要途径和动力，在国内外力推工业 4.0 的新形势下，向智慧核电转型是个潜在机遇，国家"十三五"规划中，提出了建设"数字核电"的愿景。建设"数字核电"的前提条件是，拥有足够有价值的历史数据可以进行分析和预测，而做好历史数据的备份是"数字核电"的基础工作。相比其他行业，核电领域数据的特点主要有以下两个方面。

1. 数据要求保存周期长

当前第三代核电站的设计使用年限通常为 60 年，几乎全部文件都要求长期保存，其中一大部分数据还要求永久保存。

2. 数据要求具有抗破坏性

《核电文件档案管理要求》中明确提到"数据备份应该考虑到自然灾害、

人为破坏和其他意外情况等因素，采取可靠的备份措施，例如不同媒体的异地备份"。自然灾害很好理解，指的是水灾、火灾及地震等灾难；所谓的人为破坏就是软破坏，主要指的是人为所造成的数据破坏，如对数据进行有意或者无意的修改、删除等操作；其他意外情况范围较广，但也最容易发生，如计划内或者计划外的重启所引起的磁盘电流冲击而导致的数据缺失等。

针对上述需求，紫晶光存储系统部署上线后在保证业务连续性的前提下，有效地提升了数据安全等级、加速极端情况下业务反应速度。

以光存储技术作为补充，提供长久的存储备份介质，寿命长达 50 年以上；在项目的本地、三十公里外和总部建立三套数据备份，形成异地容灾方案，确保业务数据安全可靠。

使用蓝光光盘作为存储备份介质，避免电磁冲击和人为误操作对数据的损坏，确保数据真实性。

第六章　光信息存储发展趋势

◆ 全息光存储技术

◆ 多阶存储技术

◆ 超分辨光存储技术

◆ 熔融石英玻璃多维永久光存储技术

◆ 高密度数据存储技术

◆ 新技术孕育

光存储技术的典型应用是以 CD、DVD 和 BD 为代表的光盘系统。CD 和 DVD 是红光存储，BD 是蓝光存储。上述光盘系统利用盘片对入射激光的相位调制作用，在光电探测器上产生不同的光强分布，从而实现信息的存储。这种传统光盘系统的记录密度主要取决于聚焦光斑和盘片记录符的尺寸。在 BD 之后，减小激光波长和增大数值孔径的传统技术路线对光盘容量的提升变得非常有限。因此，很多光存储领域的科研人员将新技术、新材料作为研究方向，一些新型的光存储技术被相继提出和深入研究，其中包括全息存储技术、超分辨存储技术、近场存储技术、多阶存储技术和多维存储技术等。

第一节　全息光存储技术①

二维面存储技术，如磁存储、传统光盘存储和半导体存储等，仍在不断地改进，以满足对存储系统更大和更快的要求，然而这些存储手段正逐步接近其物理极限。为了寻求更能满足人们需求的存储技术，三维存储技术出现了。其中全息存储技术发展较好。

（一）发展过程

20 世纪 40 年代末，丹尼斯·加博尔（Dennis Gabor）发明了全息术，并将其应用于 X 射线图像的放大处理。60 年代初，激光的出现使全息术有望应用于图像的存储和读出，此时 Van Heerden 提出了全息数据存储的概念。早在 70 年代，人们就已设计出许多有潜力的全息存储系统。鉴于当时的技术状况，全息存储器的实用化进程较为迟缓。进入 20 世纪 90 年代，特别是从 1995 年到 2000 年，全息存储迎来了研究热潮，进入实验室密集研究阶段。巨量高速存储及光计算研究的兴起，使全息存储再次成为研究热点。伴随着新型优良体全息记录材料（如光折变晶体和光聚合物）及相关光电子元器件的发展，体全息存储技术的研究面临着重大突破。在美国国家存储工业联合会主持下，由美国 DARPA、IBM、斯坦福大学等共 12 个单位联合成立了协作组织，实施了两个全息数据存储项目。随后，许多体全息存储技术实验品与应用系统先后问世。其他国家的研究所、高校纷纷开展研究，发表论文无数，并出版专著。2000 年以后，体全息开始迈向实用化和商用化研究阶段。美国

---

① 本部分参考了李伟、谢长生、裴先登《体全息存储技术》以及李建华、刘金鹏、林枭、刘佳琪、谭小地《体全息存储研究现状及发展趋势》相关论文。

通用、日本索尼、日立等大公司纷纷开展体全息商用化的研究，欧美日也先后出现了以体全息技术存储为核心技术商业化的公司，如美国的 In Phase（现在为 Akonia Holographics）、日本的 Optware 等，并推出了原理样机。

（二）基本原理

在基础原理上，体全息存储利用了光的干涉原理。与其他存储技术不同，体全息存储技术并不仅仅利用介质表面，它通过记录整个存储介质内干涉图案来存储数据，这些干涉图案是由两束激光在某种晶体上相交来改变材料的光学特性所形成的。

体全息存储涉及两个过程和两路光波。两个过程为干涉记录与衍射读取，两路光波为参考光和信号光。

在磁介质存储和传统的光盘存储中，一个信息位是由介质表面物理性质的改变，如消融的凹点或磁极的翻转等来表示的。而在体全息存储中一个信息位分布在整个记录体中。在记录介质上没有同信息位一一对应的微小元素。一整页的信息是以光学干涉图样的形式一次记录在"有体厚"的感光光学材料中。这个干涉图样是由两束相干激光束在存储材料中相遇形成的。通常这两束光是由一束激光分离成二，第一束称为物光（信号光），携带有欲存储的信息。第二束称为参考光，要求简单且易于复制，一般采用传播中没有汇聚和发散的平面波。光学干涉图样引起感光材料发生化学或物理变化。感光材料在吸收率、折射率或厚度上相应的变化状况就作为干涉图样的复制品存储起来，这种记录结构包含记录时物光和参考光的幅度与相位信息。

记录时，参考光与待记录的信号光在存储介质中相遇并发生干涉，改变介质的光学性质，比如折射率分布，形成相位调制体光栅，从而将信号记录在介质中。读取时，利用之前记录的参考光照射存储介质，由于相位调制体光栅的衍射效应，在原信号光方向获取"复现"的信号光，完成数据的读取。利用体光栅的布拉格选择性，可以在存储介质的同一位置利用不同的参考光存储多幅数据，而且每个数据页都可以独立读出，实现存储空间的复用。

（三）体全息存储技术的特点

（1）立体式存储，存储密度高，容积密度理论极限为 $1/\lambda^3$，即约 $10^{12}b/cm^3$，其中 λ 为记录光波波长。对于 1 mm 厚的材料，其等效面存储密度可达 40 Tb/in^2。

（2）并行读写，传输速度快。信息以数据页（data page）为单位进行读写，因而具有极高的数据传输率，其极限值主要由电光与光电转换器件（SLM 及 CCD）来决定，数据传输率将有望超过 1 Gb/s。传统的二维面存储可以采用多层的方式向三维体存储迈进，但读取方式很难实现向二维的迈进，这是体全息存储相比其他存储技术的显著优点。

（3）相关寻址，读出的信号光强度与读写使用的光场的相关性成比例，可用于图像相关检索、地形匹配、图像识别等领域。

国内方面，清华大学从 20 世纪 90 年代开始持续跟进全息存储技术，研究了多种原理样机，发表大量高水平论文。于此同时，北京工业大学也持续开展了相关研究，取得了显著的进展，研究了多种原理样机，出版了有关体全息存储专著。近几年，北京理工大学在同轴全息存储技术发明人谭小地的带领下，持续开展了全息存储技术的研究工作，并提出基于相位与振幅编码的同轴体全息存储系统，如图 6.1 所示。

目前，体全息存储试验样机演示的最大存储密度大致为

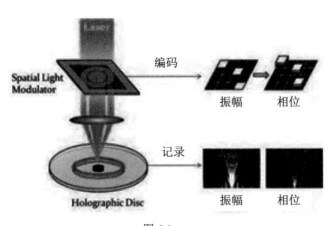

图 6.1

2.4Tb/in^2（1 mm 厚存储材料），该值比理论极限值 40Tb/in^2 小一个数量级，如何在现有角度复用、移位复用等技术的基础上进一步增加可存储变量的自由度是当前的一个研究热点，主要采用的思路是利用光波的相位特性和偏振特性。虽然使用相位和偏振能够增加体全息存储的操控维度，带来一些独特特性，但是使用相位与偏振特性能够增加存储密度，解决存储密度瓶颈问题，还有待进一步研究。

体全息存储技术的存储容量，存储和读出速率，器件的简洁性，存储数据的稳定性，数据误码率，所有这些特性在很大程度上都受到存储材料性能的限制。必须要在可利用的材料及最优性能间进行折衷。所以体全息存储的中心问题是开发合适的材料。另一个问题就是降低噪声，材料的散射噪声也是一个不可忽视的问题。

任何新的存储技术都需要同市场上已经成熟的技术进行竞争。大数据的存储呼唤新的存储技术，体全息存储技术经过半个多世纪的发展，技术持续创新，使在一张光盘上存储数 TB 数据的梦想距离现实又近了一步，这种前所未有的数据存储技术优势，将为电子信息产业带来质的飞跃。

第二节 多阶存储技术

信息技术的发展对光存储系统容量和数据传输率提出了越来越高的要求。传统光存储受到光学衍射极限的限制，采用缩短激光波长和增大数值孔径的方法来提高存储密度的空间非常有限。多阶光存储技术能够在不改变光学数值孔径的情况下，利用先进的信号处理与编码技术，显著提高存储容量和数据传输率，目前已经成为国内外光存储研究的热点方向之一。

在传统的光存储系统中，二元数据序列存储在记录介质中，记录符只有两种不同的物理状态，例如只读光盘中交替变化的"坑岸形貌"。光盘信号读出时，通过检测坑岸边沿从而恢复所记录的数据。如果改变二元记录符的形貌，使得读出信号呈现多阶特性，或者直接采用多阶记录介质，则可实现多阶光存储。前者称为信号多阶光存储，后者称为介质多阶光存储。理论上每个多阶记录符可存储的信息高达 $\log 2^M$ 比特，其中 $M>2$ 为记录阶次，而且数据传输率也得到相应的提高。多阶光存储技术的一个突出优点是，它能够与其他提高存储密度的方法并行使用，如应用在较小激光波长、较大物镜数值孔径的光存储系统中。

（一）电子俘获多阶技术

日本 OPtex 通信公司于 1992 年着手研究电子俘获光存储技术（ETOM，Electron-Trapping Optical Memory）。ETOM 光盘的记录层中掺杂有两种稀土元素，利用短波长激光（例如蓝光）来实现数据写入。当第一种掺杂离子吸收光子后，其电子被激发到高能级状态。该电子能被第二种掺杂离子"俘获"，从而实现数据的写入。读出时，用另一长波长激光（例如红光）将俘获的电子释放到原来的低能级状态，存储的能量以荧光的形式释放出来，可供后续信号探测拾取。由于发出的荧光强度与俘获的电子数量成比例，同时也与写入激光的强度成比例，该写入／读出过程具有线性直接相关性，使得电子俘获材料适用于数字光存储。

电子俘获光存储利用了光子效应，反应速度很快，可以实现纳秒级时间的读写。更重要的是，ETOM 光盘能够在多个能级上记录数据，从而实现介质多阶光存储。OPtex 对 ETOM 技术进行了深入研究，并获得了 12 项核心技术专利。由于 ETOM 所需的绿激光器在当时价格较高，并且消费市场上对高容量视频存储系统的需求不够急迫，导致 ETOM 技术的产品化未能顺利进行。该项目于 1998 年中止，但是作为早期的一种多阶光存储技术方案，该项目对此后的多阶光存储研究具有相当重要的借鉴意义。

（二）部分结晶多阶技术

新加坡数据存储中心（DSI）研究了基于相变材料的部分结晶（Partial Crystallization）多阶技术。在当前广泛应用的相变光盘中，通过不同激光功率加热记录介质，获得不同反射率的晶态与非晶态两种结构实现写入和擦除，探测这两种状态的不同反射率实现信号读出。利用功率足够高的激光加热相变材料直至超过熔点，然后迅速淬火降至室温，可以得到非晶态。如果在结晶温度和熔点之间的范围内逐渐退火，则得到晶态。晶态与非晶态之间可能存在一种"部分结晶"的状态，通过调整退火时间和温度，控制相变材料的结晶程度，则有可能实现多阶反射调制存储。

（三）光致变色多阶技术

清华大学光盘国家工程研究中心（OMNERC）提出了光致变色多阶光存储技术，它具有比部分结晶相变材料更好的多阶光存储特性。在不同波长光照射下，光致变色材料能够在不同化学状态之间发生快速可逆转换，A 和 B 两种稳定的化学状态的吸收谱完全不同，以这两种状态来表示数字"0"和"1"，可实现基于光致变色材料的数字存储。这是一种光子型的记录方式，反应时间极短且反应尺度在分子量级。

理论分析和实验研究表明，光致变色数字存储的反应程度与所吸收的光子数目相关，通过控制写入激光的能量，可以在光致变色材料上实现多阶光存储，并且分阶特性优于传统的相变材料。利用光致变色材料的合成技术，已经分别获得了吸收峰在 780 nm、650 nm 和 5532 nm 附近的光致变色材料，它们的吸收峰与当前用于光存储的激光波长相对应。采用与 DVD 系统相同的激光波长和数值孔径，已成功实现 8 阶幅值调制光致变色存储。目前正在进行 ML-RLL 光致变色记录的实验研究，有望实现超过 15 GB 的存储容量。

由于光致变色材料对入射光具有选择性吸收的特点，如果将具有不同敏感波段的多种光致变色材料作为记录层，用多种波长的激光进行多记录层的并行读写，可以实现频率维的多波长存储。与前面的光致变色多阶光存储相结合，OMNERC 提出了光致变色多波长多阶（MWML）光存储方案，通过多阶和并行编码，能够进一步提高光存储容量和数据传输率。由于 MWML 的记录层由多种光致变色材料混合旋涂而成，可以很方便地实现读写过程中的聚焦和道跟踪；并且 MWML 光盘与现有的光盘系统有较好的兼容性，具有相当广阔的应用前景。

第三节 超分辨光存储技术[①]

　　与其他存储技术相比，光存储技术在信息存储安全、能耗、寿命、成本四方面具有显著优势，在这四个方面符合大数据对数据存储技术持续性发展的要求。然而，传统光盘存储在存储容量方面已没有竞争优势，其在"大数据"应用方面存在着巨大的扩容压力，降低了光存储在成本和能耗等方面优势的显著性。超分辨光存储技术突破了光学衍射极限，能大幅度提高光存储的容量，是光存储领域的颠覆性技术。

　　从 CD 到 DVD，再到蓝光光盘，传统的思路是利用更短波长光源和提高光学系统数值孔径，进而大幅度提高存储容量，这种方法遇到了根本性的物理障碍，即光的衍射极限。光盘的光驱可以看成是一台专门的显微镜，在读取数据的过程中，这台专门的显微镜用来读取光盘上的记录位元。当两个烧录点间距很近的时候，光驱必须能区分出这两个点。当这两个点的间距小于光驱系统衍射极限的时候，光驱无法区分出是一个点还是两个点，因而读取失败。同样的情况发生在数据写入的过程，当需要烧录间距很近的两个点的时候，如果其距离小于光驱系统衍射极限，烧录的两个点将融合成一个模糊的点，无从分辨。因此，衍射极限和现有光盘技术的存储容量之间存在根本性的矛盾。为了尽可能提高存储容量，从 CD 到 DVD，再到蓝光光盘，逐步使用更短波长的激光，以缩短衍射极限所限定的最小距离，提高系统分辨率，进而提高存储容量。但是进一步使用更短波长的光源，要使得存储容量有上10 倍的提升时，就需要将波长缩短为蓝光的大约三分之一，这已经到了极度深紫外的区域。如要 100 倍的提升，波长大概要缩短到蓝光的十分之一，这

---

① 华中科技大学国家光电实验室甘棕松博士为本书提供了关于克服衍射极限的超分辨光存储技术的相关介绍，在此深表感谢！

就需要 X 射线源了。显然,进一步缩短波长受到限制。

1873 年,德国物理学家恩斯特·阿贝发现了光场聚焦的最小尺寸(约 300 纳米)约为波长的一半,即"光学存储衍生极限"。这一发现不仅为现代光学成像器件及光存储奠定了基础,同时也将 DVD 及蓝光技术的存储密度制约在 5 ~ 25 GB 的瓶颈。受光学存储衍生极限的限制,光存储现有容量与电、磁存储相差甚远,直到 1994 年,物理学家斯特凡·黑尔发明了 STED 超分辨技术,打破了光学存储衍生极限。而就在斯特凡·黑尔发明 STED 超分辨技术发明 20 年后,科学家们开发出了双光束超分辨存储技术,该技术成功突破了存储密度制约。2014 年,突破光学衍射极限的显微技术获得诺贝尔奖,国际上开始探索将突破衍射极限的技术用于光存储,并称之为超分辨光存储技术。

超分辨光存储技术所使用的方法大致如下:为突破衍射极限,将原来光盘驱动系统里读写过程的一束光变为两束光。在写的过程中,一束光实现普通光驱里面的数据烧录写入的功能,另一束光实现"局域擦除"的功能。当第二束光在焦点处被调制成一个中间光强为零的"甜圈"形状,并和第一束光在焦点处中心重合时,就可以让写的过程仅仅发生在甜圈的中心,因而大幅度缩小写入点的单元面积,进而可以让相邻的烧录点写得更近,从而显著提高数据写入容量。在读出的过程中,用类似于写入的办法,两束光将读取的信号限制在"甜圈"的中心,因而大幅度缩小单点读出的区域,进而和距离很近的烧录点分开,从而清楚地辩识出写入的信号。对于光盘存储,分辨率提高 10 倍,存储容量提高 100 倍。因此突破衍射极限有望带来存储容量的大幅度提升。图 6.2 为双光束超分辨光存储原理。

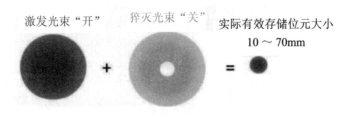

图 6.2 双光束超分辨光存储原理

这种突破衍射极限的光数据存储技术一方面继承了原有光盘技术在成本、能耗、寿命、系统可靠性、稳定性和安全性等方面的综合绝对优势，另一方面又能够突破衍射极限，大幅度提升存储密度，具有实现单盘1PB（1000 TB=1 000 000 GB）的存储能力，如果其实现产业化，将是未来大数据中心首选的存储硬件，对未来的信息技术发展有不可估量的作用。图6.3为超分辨光存储技术与传统光存储技术的对比。

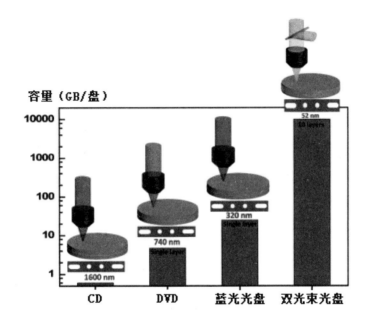

图 6.3　超分辨光存储技术与传统光存储技术的对比

当前，我国在大数据光盘库方面的研究和开发，已经处于国际前列。由武汉光电国家研究中心和广东紫晶公司联合研发的大数据光盘库，能够在一个标准机柜中最多容纳 12 240 片高密度光盘，并提供 1.2 GB/s 的存取带宽，如果采用 200 GB 的蓝光光盘，单库容量就超过了 2 PB。可以想像的是，如果将光盘的容量通过克服衍射极限的办法提高 100 倍，上述单库容量将超过 200 PB。数十个标准机柜就可以放下百度公司当前的数据总量。再将成千上万个单库组建成光子大数据中心，其总容量有望达到万亿 GB 量级。

第四节　熔融石英玻璃多维永久光存储技术[①]

从 CD 光盘、VCD 光盘、DVD 光盘，到 21 世纪初兴起的蓝光光盘，光盘的存储容量在不断提升。然而，这些传统的光盘技术每一个数据单元只能存储 1 比特的数据，且只利用了存储介质的表面进行平面存储，光盘的空间并没有被充分利用，限制了光盘的存储容量。而且，由于存储材料及技术的限制，存储寿命也只能达到几十年，不足以满足人类数据长期保存的需求。

在熔融石英玻璃上用激光刻蚀可超长寿命地保存数据，可近似地认为是永久存储，但如何大幅度提高存储容量是光存储面临的一个挑战性的问题。

为了提高光存储容量，人们进行了大量尝试，但受限于衍射极限，继续缩小存储单元的尺寸已面临瓶颈。类似于光纤通信中的多维复用，通过提高光存储的复用维度来提升存储容量是一个较好的新方法。最先实现的是使用存储介质空间的三维存储，利用多光子吸收现象，人们可以在一些透明材料的任意三维位置写入不同的结构，并以此来存储数据。之后，利用光与材料相互作用的一些特性，光强、偏振、波长、轨道角动量等复用维度也得到了实现，现在单个数据单元的存储容量已远高于 1 比特，单位体积存储容量得到了大幅提升。

例如，当以特定参数的飞秒激光聚焦于熔融石英内部时，会形成纳米光栅结构，该结构有着双折射的特性。通过调节激光光强和偏振态可以分别控制纳米光栅的两个双折射参数——光轴延迟值和慢轴角度，从而引入了除三维空间外的另外两个维度。此技术被称为基于纳米光栅的五维度光存储。如图 6.4 所示，麦克斯韦和牛顿的画像分别由光轴延迟值和慢轴角度记录。

① 张静宇博士为熔融石英玻璃多维永久光存储永久存储技术提供了相关介绍，在此深表感谢！

图 6.4 利用纳米光栅结构引入的双折射图像

麦克斯韦和牛顿的画像被记录在一张图片上（左图），麦克斯韦的画像（中图）是由光轴延迟值所记录，牛顿的画像（右图）是由慢轴角度所记录。

图 6.5 是英国南安普顿大学研究团队研发的基于纳米光栅的五维度光存储定入系统，图 6.6 是基于纳米光栅的五维度光存储数据读取解码示例纳米光栅的结构十分稳定，在常温下存储寿命可以达到 100 多亿年，即使在 1000℃的高温环境，也能保持较好的稳定性，这是目前的存储技术所达不到的。由于这种多维光存储充分地利用了存储材料的内部三维空间，并在此基础上增加了新的两个维度，使得其存储容量得到大幅提升，单碟片容量最高可达 360 TB，是目前蓝光光盘的近 3000 倍。该技术可以解决当前主流存储技术容量低、使用寿命短、耐极端环境差的问题，在超长期、大容量数据的备份、存储上有着广阔应用前景。该技术被中国科学院院士和中国工程院院士投票评选为"2016 年世界十大科技进展"之一，还被吉尼斯记录认证为"世界保存时间最长的存储技术"。在中国，华中科技大学武汉光电国家研究中心已经开展了此项技术的研究，有望解决超大容量超长寿命的信息存储难题。

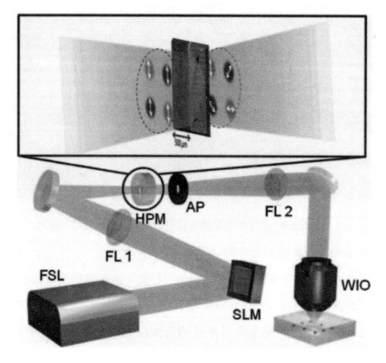

图 6.5 基于纳米光栅的五维度光存储写入系统示意图

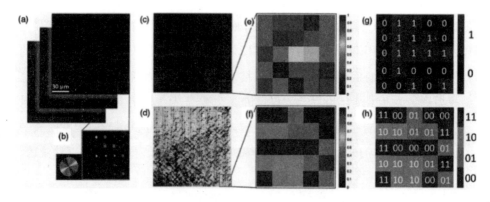

图 6.6 五维度光存储数据读取解码示例示意图

第五节　高密度数据存储技术

在刻录介质上聚焦光点的限制（即衍射效应），一直限制着数据存储可实现的密度。伦敦帝国理工学院化学工程系教授 Sergei Kazarian 领导的研究队在这一领域取得进展。

该研究团队表示，相较于硬盘、闪存（Flash），以及其他固态硬盘（SSD），包括 DVD 或蓝光（Blu-Ray）等光存储介质至今在容量方面仍明显落后。由于所谓的"衍射极限"（diffraction-limit）效应带来的限制，使得光存储途径无法实现较高的数据存储密度。

"衍射极限"是一种物理现象，指的是无法将光束聚焦于尺寸小于光波长（以蓝光为例，其波长约为 400 nm）的物体表面上。因此，在全光学的存储介质上录写信息的密度明显比不上磁盘或电子记录系统。

根据这项研究结果显示，通过使用两种物质——基于偶氮苯（azobenzene）的有机染料，以及一种特殊的光天线，可将刻录密度提高到相当于每平方英寸约数百 TB（tera byte）。研究人员们发现，在电场中以激光照射在偶氮苯分子上，将会导致其发生翻转。这使得染料分子的光学特性发生变化，表明它可以作为信息载体。通过这种方式，研究人员得以利用偶氮苯薄膜，打造出"破坏"衍射极限的"光学内存"。

此外，研究人员利用纳米天线，从这种薄膜中开发出一种可录写与读取信息的方法。这种纳米天线会吸收激光、放大并聚焦在你想要写入或读取信息之处。

Kazarian 说："随着这一技术的进一步改善，我们可以达到每平方英寸 PB（petabyte）级的数据存储密度。换句话说，传统依尺寸区分的磁盘将可容纳较普通 DVD 更高 1 百万倍的信息，也比目前最大容量的硬盘产品容纳更高几百倍的存储容量。因此，我们可望解决未来如何存储数据量日益成长的问题，尤其是因应像视讯或物联网（IOT）等应用的需求。"这项研究已发表于《Nanoscale》期刊中。

第六节　新技术孕育

　　从光存储技术的发展过程来看，第一代光存储技术的 CD 光盘规格，是飞利浦公司率先建立的；第二代光存储技术的 DVD 光盘规格，也是以飞利浦、松下、索尼、东芝等大公司牵头建立的；第三代光存储技术的 BD 产业联盟中，有 18 家企业成为核心的理事会成员，它们也由飞利浦、松下、索尼、日立、先锋、夏普、JVC、TDK、迪斯尼、福克斯等大公司构成。这三代光存储的主导者都是大企业或企业联盟，不仅产业化能力极强，研发能力也遥遥领先。最前端、最核心的技术一定是掌握在各个大公司自己的研发机构内部而不是公司的外部。

　　中国的企业恰恰相反。光盘生产企业只负责生产光盘，对关键部件和整机核心技术基本不掌握；整机生产企业只能生产整机，对光盘的关键技术不甚了解，更多的企业甚至对关键器件的关键技术不甚了解。结果是，光盘生产企业、整机生产企业、激光头生产企业都仅限于按照人家已经发布的规格进行生产。在中国现有的光盘和整机及关键器件生产企业中，好一些的还具有一些工程化研发能力，而基础研发能力的普遍缺失，这也导致了中国企业无法建立自己的知识产权体系。

　　在中国的高校和研究单位中，理论上的研究成果出现了许多，有些也申请了专利，但真正实现产业化的道路并不通畅，要想在第四代、第五代光存储技术实现突破，组建产学研结合的产业平台势在必行。表 6.1 为光存储技术的历史及未来趋势。

表 6.1 光存储技术的历史及未来趋势

	第一代	第二代	第三代		第四代			第五代
光存储技术种类	CD	DVD	HD	BD	超分辨	多维	全息/低	全息/高
出现年代	1981	1996	2005	2005	2010~2013	2010~2013	2010~2013	2010~2018
年代间隔		15年	9年	9年	5~8年	5~8年	5~8年	3~5年
单层容量/GB	0.64	4.7	15	25	>100	>100	>200	>1000
记录密度提高		7.3倍	3.2倍	5.3倍	>4倍	>4倍	6~8倍	>5倍

资料来源：联盟整理。

在国内的大学和研究单位中，清华大学光盘国家工程研究中心对第四代和第五代光存储技术进行了多年的理论研究，取得了多项理论研究成果；中国科学院上海光学精密机械研究所也对超分辨光盘技术进行了十多年的研究，他们也取得了多项理论研究成果。这两家单位的研究成果在技术上具备领先性和可行性，如果能够被转化为专利并加入到产业化实践中，可以以其为基础构建中国自己的知识产权框架。

在国内的硬件厂家中，以紫晶存储、华录两公司为代表。紫晶存储通过技术引进和自主开发，成长为国内少有的从介质到解决方案的专业存储厂商，并且承担了我国的国家级蓝光检测实验室任务，相关产品通过了工业和信息化部科技成果评价。华录公司也在大量生产激光头物镜、DVD激光头等关键件。另外，德赛电子、步步高两公司的BD蓝光播放机也早已推向市场。

在国内的光盘厂家中，有130多个厂家，他们在CD、DVD、BD光盘生产中积累了丰富的经验。在光盘生产设备厂家中，广州三力声像自己研发生产的CD、DVD光盘生产线，已经在国内光盘厂，以及印度、东南亚、俄罗斯、朝鲜等光盘厂使用多年，它们自己研发的BDR光盘生产线也已量产BDR光盘。国内使用三力CD、DVD、BDR光盘生产线生产光盘的总产能，已经超过年产2亿张。东莞宏威数码机械早在2006年，就已经成为世界第二大光盘设备制造商，它们自己研发生产的CDR、DVDR光盘生产线，已经在国内光盘厂，以及阿根廷、巴西、俄罗斯、印度、东南亚、德国等光盘厂使用多年，它们自己研发的 BDR 光盘生产线在 2009 年开始生产 BDR 光盘。国内使用宏威 CDR、DVDR、BDR 光盘生产线生产光盘的总产能，已经超过年产 8 亿张。在光盘生产用耗材方面，浙江安瑞森自己生产的 CD 光盘保护层材料、DVD 光盘黏合层胶水，已经在国内光盘厂，以及美国、欧洲、印度等光盘厂使用多年，它们自己研发生产的 BD 光盘用 0.1 毫米覆盖层的胶水，也在今年投产，相关耗材的年生产量，已经超过 5 万吨。

第七章　基于数据管理思想的信息存储

◆ 常见存储技术

◆ 数据分层理念与智能分层存储技术

◆ 信息生命周期管理

纵观光存储技术产业，今天的光存储系统主要是以市场需求的变化为导向逐步发展而来的。最早期光盘的出现，主要面向单一文件的记录和使用，如音乐、电影等媒体资料为主。随着这些媒体文件的提升促使 CD、DVD 等光盘技术的升级，整个产业也蓬勃发展，历经了一次市场高峰期。同时在消费市场的普遍应用下，一些企业用户也意识到了光盘在大文件长期"离线冷存储"方面的优势，档案、医疗、金融等行业最早一批使用光盘做数据归档。逐渐地，由于需要管理的光盘数量越来越多，第一代光盘库也随之诞生，这也标志着光存储的企业级市场的形成。第一代光盘库最早由德国厂商创建，光盘库规模从数十张到数百张不等，主要以光盘为管理对象，自动将需要调用的光盘放到驱动器并将数据读出，其业务逻辑接近于传统图书馆借阅书籍的方式。如今，光盘库技术已经发展成为了智能化、个性化的数据存储服务。

第一节　常见存储技术

随着主机、磁盘及网络等技术的发展，数据存储的方式和架构也在不停地改变。根据服务器类型，存储技术可以分为封闭系统的存储（封闭系统主要指大型机）和开放系统的存储（开放系统指基于 Windows、UNIX、Linux 等操作系统的服务器），其中开放式存储又可分为内置存储和外挂存储。图7.1 为存储技术的具体分类。

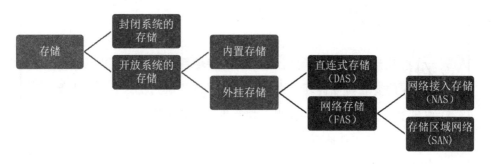

图 7.1　存储技术的分类

资料来源：行业公开资料，联盟整理。

（一）主流外挂存储技术

外挂存储根据连接的方式分为直连式存储（Direct Attached Storage，简称 DAS）和网络化存储（Fabric Attached Storage，FAS）。网络化存储根据传输协议又分为网络接入存储（Network Attached Storage，NAS）和存储区域网络（Storage Area Network，SAN）。

1 直连式存储（DAS）

直连式存储（Directatt Ached Storage，DAS）是指存储硬件同主机的接口直接连接，这既是一种存储系统的构建方式，也是一种最简单的存储子系统，不需要经过网络。我们通常的个人计算机和简单的网络服务器都是这种连接方式。

DAS存储在我们生活中是非常常见的，尤其是在中小企业应用中，DAS是最主要的应用模式，存储系统被直连到应用的服务器中。在中小企业中，许多数据应用必须安装在直连的DAS存储器上。

DAS存储更多地依赖服务器主机操作系统进行数据的IO读写和存储维护管理。数据备份和恢复要占用服务器主机资源（包括CPU、系统IO等），数据流需要回流主机再到服务器连接着的磁带机（库），数据备份通常占用服务器主机资源的20%～30%，因此许多企业用户的日常数据备份常常在深夜或业务系统空闲时进行，以免影响正常业务系统的运行。直连式存储的数据量越大，备份和恢复的时间就越长，对服务器硬件的依赖性和影响就越大。

直连式存储与服务器主机之间的连接通道通常采用SCSI连接，随着服务器CPU的处理能力越来越强，存储硬盘空间越来越大，阵列的硬盘数量越来越多，SCSI接口将会成为IO瓶颈；服务器主机SCSI接口有数量限制，能够建立的SCSI通道连接有限。

无论是直连式存储还是服务器主机的扩展——从一台服务器扩展为多台服务器组成的群集（Cluster），或存储阵列容量的扩展，一旦存储设备出现故障，都会造成业务系统的停机，从而给企业带来经济损失，对于银行、电信、传媒等行业全天候服务的关键业务系统，这是不可接受的。并且直连式存储或服务器主机的升级扩展，也只能由原设备厂商提供，往往受原设备厂商限制。图7.2为当前DAS系统拓扑图。

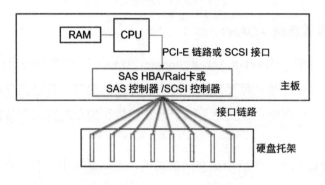

图 7.2　当前 DAS 系统拓扑图

资料来源：紫晶存储，联盟整理。

2. 网络接入存储（NAS）

网络接入存储（Network Attached Sorage，NAS）基于标准网络协议实现数据传输，为网络中的 Windows、Linux、Mac OS 等各种不同操作系统的计算机提供文件共享和数据备份，是文件级别的存储技术。NAS 通常包含许多硬盘驱动器，这些硬盘驱动器组织为逻辑的冗余存储容器。对外 NAS 具有确定的网络 IP 地址，在网络中可以作为普通的网络设备一样进行部署和访问，使用非常简单。图 7.3 为 NAS 方式路径图。

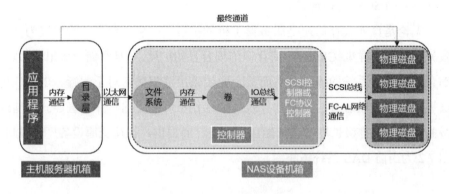

图 7.3　NAS 方式路径图

资料来源：行业公开资料，联盟整理。

如今用户使用 NAS 较多的功能是用来文档共享、图片共享、电影共享等，而且随着云计算的发展，一些 NAS 厂商也推出了云存储功能，大大方便了企业和个人用户的使用。

NAS 产品通常是即插即用的产品。NAS 设备一般支持多计算机平台，用户通过网络支持协议可进入相同的文档，因而 NAS 设备无需改造即可用于混合 UNIX、Windows NT 局域网内，同时 NAS 的应用非常灵活。

但 NAS 有一个关键性问题，即备份过程中的带宽消耗。与将备份数据流从 LAN 中转移出去的存储区域网（SAN）不同，NAS 仍使用网络进行备份和恢复。NAS 的一个缺点是，它将存储访问由并行 SCSI 连接转移到了网络上。这就是说 LAN 除了必须处理正常的最终用户传输的数据流外，还必须处理包括备份操作的存储磁盘请求。

3. 存储区域网络（SAN）

存储区域网络（Storage Area Network，SAN）是一个集中式管理的高速存储网络，它将不同供应商的存储系统、存储管理软件、应用程序服务器和网络硬件组织在一起，支持服务器与存储设备之间的直接高速数据传输，实现真正的高速共享存储。SAN 存储区域网是独立于服务器网络系统之外的高速光纤存储网络。图 7.4 为 SAN 方式路径图。

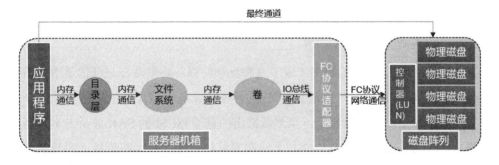

图 7.4 SAN 方式路径图

资料来源：行业公开资料，联盟整理。

SAN 提供了一种与现有 LAN 连接的简易方法，并且通过同一物理通道支持广泛使用的 SCSI/IP 协议。SAN 不受现今主流的、基于 SCSI 存储结构的布局限制。特别重要的是，随着存储容量的爆炸性增长，SAN 允许企业独立地增加它们的存储容量。SAN 的结构允许任何服务器连接到任何存储阵列，这样不管数据放置在那里，服务器都可直接存取所需的数据。因为采用了光纤接口，SAN 还具有更高的带宽。

如今的 SAN 解决方案通常会采取以下两种形式：光纤信道及 iSCSI 或者基于 IP 的 SAN，也就是 FC SAN 或 IP SAN。光纤信道是 SAN 解决方案中大家最熟悉的类型，但是，最近一段时间以来，基于 iSCSI 的 SAN 解决方案开始大量应用，与光纤通道技术相比较而言，这种技术具有良好的性能，而且价格低廉。

SAN 真正地综合了 DAS 和 NAS 两种存储解决方案的优势。例如，在一个很好的 SAN 解决方案实现中，可以得到一个完全冗余的存储网络，这个存储网络具有不同寻常的扩展性。确切地说，可以得到只有 NAS 存储解决方案才能得到的几百 TB 的存储空间，但是用户还可以得到块级数据访问功能，而这些功能只能在 DAS 解决方案中才能得到。对于数据访问来说，用户可以得到一个合理的速度，对于那些要求大量磁盘访问的操作来说，SAN 显然具有更好的性能。利用 SAN 解决方案，还可以实现存储设备的集中管理，从而能够充分利用那些空闲空间。更有优势的一点是，在某些实现中，甚至可以将服务器配置为没有内部存储空间的服务器，要求系统都直接从 SAN（只能在光纤通道模式下实现）引导。

SAN 有两个较大的缺陷：成本高和复杂性强，特别是在光纤信道中这些缺陷尤其明显。使用光纤信道的情况下，合理的成本是 1TB 或者 2TB 需要 5～6 万美元。从另一个角度来看，虽然新推出的基于 iSCSI 的 SAN 解决方案只需要 2～3 万美元，但是其性能却无法和光纤信道相比较。在价格上的差别主要是，由于 iSCSI 技术使用的是现在已经大量生产的千兆位以太网硬件，而光纤通道技术要求特定的价格昂贵的设备。

因为 SAN 解决方案是从基本功能剥离出的存储功能，所以运行备份操作就无需考虑它们对网络总体性能的影响。SAN 方案也使得管理及集中控制方案更加简单，特别是对于全部存储设备都集中在一起的时候。最后一点，光纤接口提供了 10 千米的连接长度，这使得物理上分离的、不在机房附近的存储设备互联变得非常容易。

4. NAS、SAN、DAS 特性对比

从应用的角度来说，NAS 和 SAN 混合搭配的解决方案为大多数企业带来了最大的灵活性和性能优势。服务器环境异构程度越高，NAS 就越重要，因为它能无缝集成多种服务器。而企业数据量越大，高效的 SAN 就越重要。

NAS 能简化对 SAN 的访问。事实上，NAS 是 SAN 理想的网关，能帮助 SAN 提供的数据块以文件形式路由至适当的服务器。与此同时，SAN 能通过减轻非关键数据的存储负担，使 NAS 更为有效地工作。重要文件可以存储在本地的 NAS 设备上，不重要的文件可以存储在 SAN 中。表 7.1 为 NAS、SAN、DAS 特性对比。

表 7.1　NAS、SAN、DAS 特性对比

NAS	SAN	DAS
基于 IP 网络	基于光纤通道	基于 IP 网络
传输文件	传输块	传输文件
可利用带宽低	可利用带宽高	可利用带宽低
具有用户权限、容量配额管理等多种网络功能	无网络功能	网络功能依靠存储服务器的情况来定
系统应用于存储功能分开，两者互不影响	系统应用于存储功能分来，两者互不影响	系统应用于存储功能由同一台服务器负责，两者相互影响
NAS 存储自带共享功能，可在多个应用服务器之间自动实现共享访问	必须安装共享软件才可以在多台应用服务器之间实现存储设备的共享访问	依靠 DAS 存储服务器的网络共享功能来实现多台应用服务器的共享访问

（续表）

NAS	SAN	DAS
适用于各种操作系统，应用服务器数量越大，其简单方便性相比越高	适用于各种操作系统，应用服务器数量越大，网络设备的成本所占比例越高	一般适用于单台或者两台服务器的系统中

资料来源：行业公开资料，联盟整理。

（二）其他存储技术

1. 虚拟化存储

尽管已有的存储系统架构得到了深入的研究，但是却无法直接应用于大数据系统中。为了适应大数据系统的"4V"特性（大量、多样、高速、价值），存储基础设施应该能够向上和向外扩展，以动态配置适应不同的应用。

一个解决这些需求的技术是云计算领域提出的虚拟化存储。虚拟化存储将多个网络存储设备合并为单个存储设备。目前可以在 SAN 和 NAS 架构上实现虚拟化。基于 SAN 的虚拟化存储在可扩展性、可靠性和安全方面能够比基于 NAS 的虚拟化存储具有更高的性能。但是 SAN 需要专用的存储基础设施，从而增加了成本。

2. 分布式数据存储

分布式存储系统，是将数据分散存储在多台独立的设备上。传统的网络存储系统采用集中的存储服务器存放所有数据，由于集中式存储在 I/O 访问速度方面的限制，导致总体效率不高。存储服务器往往成为系统性能的瓶颈，也是可靠性和安全性的焦点，不能满足大规模存储应用的需要。分布式网络存储系统采用可扩展的系统结构，利用多台存储服务器分担存储负荷，利用位置服务器定位存储信息，它不但提高了系统的可靠性、可用性和存取效率，还易于扩展。

因此，分布式存储策略在海量数据存储中得到广泛应用。其基本策略是，所有数据随机分散地存放在多个存储设备中；每个存储设备由高速网络相互连接；每个数据块会复制多个副本，分别存放在不同存储设备中；建立分布式数据索引，当系统接收数据访问请求时，可以快速地决定从哪些存储设备中读取数据。因此，在分布式文件系统中，数据存放结构是影响数据库系统性能的重要因素。

3. 云存储

云存储可以被理解成是网络分布式存储的极致表现，但内涵更丰富。云存储是在云计算（Cloud Computing）概念上延伸和衍生发展出来的一个新的概念。云计算是分布式处理（Distributed Computing）、并行处理（Parallel Computing）和网格计算（Grid Computing）的发展，是透过网络将庞大的计算处理程序自动分拆成无数个较小的子程序，再交由多部服务器所组成的庞大系统经计算分析之后将处理结果回传给用户。通过云计算技术，网络服务提供者可以在数秒之内，处理数以千万计甚至亿计的信息，达到和"超级计算机"同样强大的性能。云存储的概念与云计算的概念类似，它是指通过集群应用、网格技术或分布式文件系统等功能，把网络中大量各种不同类型的存储设备通过应用软件集合起来协同工作，共同对外提供数据存储和业务访问功能的一个系统，它既能保证数据的安全性，还能节约存储空间。简单来说，云存储就是将存储资源放到云服务器上供用户存取的一种新兴方案。使用者可以在任何时间、任何地方，透过任何可连网的装置连接到云服务器上方便地存取数据。

4. 混合存储子系统

不同的存储设备具有不同的性能指标，可以用来构建可扩展的、高性能的大数据混合存储子系统。典型的混合存储系统包括一个大容量的硬盘和一个固态硬盘（SSD）缓存，经常访问的数据存放在 SSD 缓存中，从而提高数据存取性能。

第二节 数据分层理念与智能分层存储技术

随着信息技术、移动互联网、物联网等技术的发展，数据出现指数级的增长，大数据的技术及应用得到了高度的重视，随之而来的还有数据分层的理念。前面介绍过，冷数据是较长时间无访问、无修改的数据，也称用户画像数据，常见的有银行凭证、税务凭证、医疗档案、影视资料等。冷数据通常不需要实时访问到离线数据，例如用于灾难恢复的备份，或者是法律规定必须保留指定时间的数据。

温数据是非即时的状态和行为数据。简单地可以这样理解，把热数据和冷数据混合在一起就成了温数据。比如用户近期对某一类型的话题特别感兴趣（热数据），与以往的行为（冷数据）形成鲜明对比，这说明该用户正处于新用户的成长期（温数据），运营人员就可以考虑用相应的策略去拉动活跃度并促进转化。

热数据指即时的位置状态、交易和浏览等操作所用的数据。如即时的地理位置，某一特定时间活跃的手机应用等，能够表征"正在什么位置干什么事情"。另外一些实时的记录信息，如用户刚刚打开某个软件或者网站进行了一些操作，热数据可以通过第三方平台去积累，开发者也可以根据用户使用行为进行积累。

从存储形式来说，一般情况下冷数据存储在磁带、光盘或蓝光光盘中。热数据一般存放在 SSD 中，存取速度快，而温数据可以存放在普通硬盘中。图 7.5 为分层存储基本理念示意图。

分层存储是近些年才出现的存储理念，该理念得到了越来越多企业和公司的接纳，很多公司都通过分层存储理念来保存企业数据。

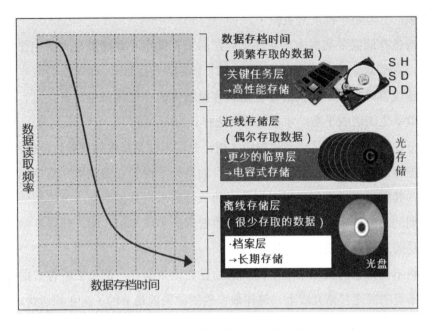

图 7.5　分层存储基本理念示意图

如果说通过磁盘做镜像或 RAID 来保存数据是把数据比做鸡蛋，然后应该将不同的鸡蛋放到不同的篮子中，这样使得即使某一个篮子出问题也不会造成所有数据的丢失与损坏。那么分层存储遵循的就是"好钢用在刀刃上"的原则，众所周知存储介质有很多种，例如，配置了 RAID 的磁盘阵列可以保证数据的冗余，不会轻易造成数据损坏；普通的硬盘能够提供比较高速度的读写；磁带介质保存数据时间会更加长久，不过它的读写速度缓慢。因此我们可以根据需要将企业数据分类、分层，将不重要的或者不常用的甚至是时间比较久的数据存储在磁带介质上；将不重要但是经常用的数据放到普通硬盘上，将非常重要的数据保存在配置了 RAID 等冗余措施的磁盘上。这就是分层存储的核心思想，它对不同数据采取不同的保存方式和介质来存储。

以往的存储解决方案是，把所有数据都当作对企业同等重要和同等有用来进行处理的，所有的数据集成到单一的存储体系之中，以满足业务持续性需求。但是这样做，在存储容量不断增长的同时，成本也会相应地增长。近几年来，随着数据量的激增，人们发现，无限制地添置硬件设备来满足存储的需求，已经是一种沉重负担了。

海量存储需要高成本，尤其企业在海量存储用于存储量很大的图像等应用时，这些对象的典型存储空间高达几十甚至上百 GB。存储器的成本、容量和速度直接相关，越快的存储器或容量越大的存储器就越昂贵。只有在成本和效率之间达成平衡，才是明智的选择。

分层存储被认为是这一种解决之道。分层存储是指根据商业价值的不同，将数据存放在适当的存储设备里。其目的是为了控制存储成本并简单化存储管理，其精髓在于满足不同类型数据的独特需求，并使数据的价值和信息生命周期的动态情况与可用性、性能、数据保护和成本相匹配。分层存储也被认为是信息生命周期管理的基础。

将不同价值的数据采取不同级别的存储设备保存，避免了所有数据都保存在昂贵的高速存储介质上。这样最直接的结果就是节约了企业的运营成本，使我们不会因为增长的数据量而不断购买新的存储设备。当然所有对数据进行分层的操作都不是人工进行的，一般都是借助分层存储软件来自动分类、自动存储的。

第三节 信息生命周期管理

信息生命周期管理（DLM）是一种信息管理模式，信息如同人类、生态系统和动植物，有自己的生命周期，有一个从产生、保护、读取、迁移、存档到回收的过程，在不同的时期，信息的价值会有所变化。图 7.6 展示了 DLM 优化容量利用率。

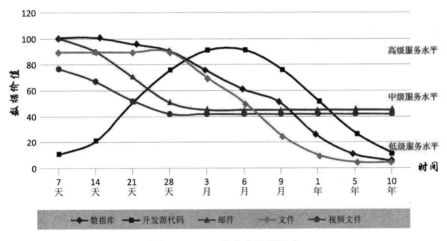

图 7.6　DLM 优化容量利用率

资料来源：紫晶存储，联盟整理。

针对这种价值变化，将自动化网络存储基础设施与综合服务和解决方案结合在一起，并根据信息和应用对企业各类数据按其应用或保存价值对其分类，然后制订相应的策略和技术手段对信息进行贯穿其整个生命过程的管理，从创建、使用、归档、处理来帮助企业确定最优的服务水平和最低成本。信息生命周期管理是一种新的信息管理策略，其目的在于，帮助客户在信息生命的各个阶段以最低的整体成本获得最大的价值。

　　与现有的信息管理方式不同，信息生命周期管理针对信息做主动式管理，系统管理员对整个信息架构作单一和持续的监测，系统自动将信息转移到最优化的存储平台之上。其主要特点是以业务为中心、以政策为基础、统一途径、异质环境、与数据价值相关；其重点在于按照级别科学地管理信息，这样企业就可以使信息在整个生命周期中都能得到充分且合理的利用。

　　信息生命周期实际上就是说该数据下次调用距离现在的时间长短。例如，生产用数据库文件可能每天都要调用、都要更新，使用该数据的频率就很高，它的信息生命周期就长；而一些存储的文件，企业公告等信息只是在员工需要查阅时才调用，它的信息生命周期就要短一些；而历史数据很少有人查阅，但是为了工作需要也是需要将其保存的，所以它的信息生命周期最短。

　　管理员可以为迁移软件建立监视的容量阈值，随着在主存储上创建和保存文件，迁移软件会确定适于存档的目标文件，数据量增长到监视的阈值点时，迁移软件将文件从主存储移动到辅助存储，并从主存储清理文件，该系统通过自动化、连续的文件移动和清理可以腾出主存储的容量。

　　当然对于信息生命周期还有另外一个分层概念，那就是根据信息的不同时期将企业信息进行分层存储，信息处于最重要时期将它放在价格昂贵的快速存储设备上，等一段时间后信息变得不再重要就将它放在价格低廉的存储设备上，通过这种分层原则实现对信息的分层存储。图7.7为基于DLM光存储产品的一个分层系统实例。

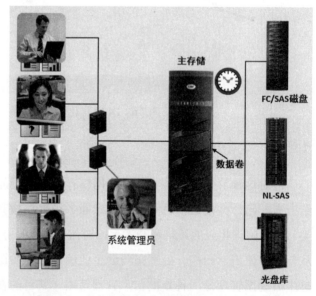

图 7.7　基于 DLM 光存储产品的一个分层系统

第八章　其他存储技术

- ◆ 存储行业发展历程
- ◆ 半导体存储器
- ◆ 磁存储技术
- ◆ 磁光电混合存储技术

第一节 存储行业发展历程

存储设备的发展历程就是技术和需求相互促进的演进史。为了满足用户的不同应用需求诞生了各类存储产品。从通用型产品和应用型产品的维度，我们将历史、现在和未来的四类存储产品绘制了四象限图，如图 8.1 所示。

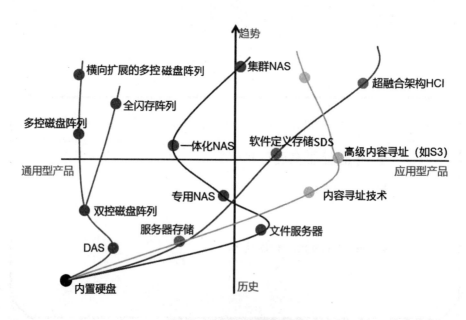

图 8.1 存储产品四象限图

资料来源：行业公开资料，联盟整理。

磁盘阵列是通用型存储的主要形态，其发展经过了直连式存储（DAS）、双控磁盘阵列、多控磁盘阵列、横向扩展的多控磁盘阵列等发展历程，同时根据不同业务性能要求，采用不同的存储介质，又逐渐细分出混合阵列和全闪存阵列。

网络接入存储（NAS）起源于文件服务器，本质上是文件系统，属于应用型存储，在不同应用场景下和不同硬件组合成为存储系统。由于存储中文件使用的广泛性，NAS从专用系统逐步演变为比较通用的一体化NAS，即SAN/NAS一体化。面向海量文件应用时，其未来有发展成为专用的分布式或集群NAS的趋势。

带内置硬盘的服务器存储属于应用型存储，从初期的应用服务器配套存储到软件定义存储（SDS），再到超融合架构（HCI），越来越呈现出针对特定应用解决方案化的特点。

对象存储属于应用型存储，起源于21世纪初的内容寻址技术，一开始由EMC和亚马逊等少数大型厂家主导，现在逐渐开发出越来越多的开源产品，如CEPH。在公有云领域，一般由互联网企业自己根据自身需求特点开发，在私有云领域，对象存储目前一般应用于海量文档的归档保存，从而替代传统的磁带库或光盘库，但其尚未形成行业规模。随着大数据分析行业的发展，预计未来有可能形成具有一定规模的市场。

（一）存储行业产业链

有数据的地方就有存储。"大存储"行业产业链（如图8.2）可大致分为存储芯片、元器件、核心软件，存储整机与解决方案，系统集成与存储服务三个层次。上游包括通用芯片、元器件（如CPU、内存、连接器等），存储专用芯片、元器件及硬件设备（如HDD、SSD、SAS芯片等），存储核心软件三类；中游主要是存储整机与解决方案，包括企业级存储（比如SAN、NAS、多协议架构等）和消费级存储（如移动硬盘、闪存盘等）；下游主要是系统集成与存储服务，即将存储产品、系统软件、应用软件及其他产品进行集成，以整体系统或服务方式提供给终端用户。

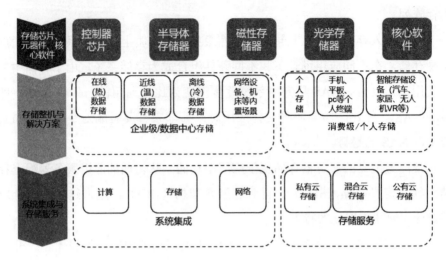

图 8.2 "大存储"行业产业链

资料来源：联盟整理。

（二）存储行业产业链上游、中游、下游的特点

1. 上游：存储芯片、元器件、核心软件

存储行业的上游主要是半导体制造业、存储介质制造业、数据传输设备制造业与核心软件开发业。上游厂商生产的产品像是"钢筋"和"水泥"一样的基础组件，上游行业的发展对本行业的成本和技术具有重要影响。一方面，核心元器件如芯片、内存、硬盘等产品的更新换代会直接改变存储产品的硬件结构，进而推动整个产品的创新升级。另一方面，主要原材料的供需变化和价格波动会对本行业的生产成本造成影响。核心软件开发亦相当重要，只有拥有核心软件开发能力，才有可能合理使用各种原材料组合形成优质的存储产品。软件能力越强，对硬件的掌控和发挥能力则越强。综合来看，存储上游相关硬件行业经过多年的发展，具有较高的技术成熟度，市场格局稳定，价格竞争充分，整体来看，有利于存储行业的稳定发展。

2. 中游：存储整机与解决方案

中游的存储整机与解决方案一般指利用上游的芯片、元器件和核心软件，组装成具有数据存储功能的存储系统，即利用"钢筋"和"水泥"盖出的房子。按使用场景可以分为消费级/个人存储和企业级/数据中心存储。

消费级/个人存储所涵盖的范围除了个人存储设备外，还包括PC、平板电脑、智能手机，以及未来可能爆发的智能终端设备。DRAM、NAND Flash、硬盘等存储器广泛应用于这些设备，是数据存储的重要组成部分。

企业级/数据中心存储主要应用于政府、企事业单位的IT系统和数据中心的构建。由于存储行业上游核心软硬件具有较高的技术门槛，因此中游厂商一般采用两种竞争策略：一种是采购上游厂商生产的控制器、RAID卡、硬盘、核心软件等进行组装，甚至直接采购整机进行贴牌销售；另一种是打通上游和中游，自主研发设计核心软件、控制器、接口部件等，再与上游厂商的其他通用部件（如硬盘、风扇、电源等）进行组装形成整机产品，如华为和宏杉等企业。

3. 下游：系统集成与存储服务

由于存储行业终端用户的IT需求往往综合了计算、网络、存储三方面需求，但通常情况下行业内厂商专注于存储领域，系统集成能力相对有限，因此需要依靠专业的系统集成商来提供总体解决方案。

近年来，随着云计算和大数据的快速发展，下游逐渐出现云存储服务提供商。云存储是在云计算概念上延伸发展出来的，云存储服务商不出售硬件，而是通过集群或分布式文件系统等，使得网络相连的不同类型存储设备协同工作，对外提供数据存储和业务访问服务，再把这些服务出售给个人或企业。用户仅需根据实际容量及性能需求采购相关服务即可。目前市场上的云计算公司基本都提供云存储服务，比如Google、亚马逊、AWS、微软、阿里云、腾讯云、百度云等云计算巨头，以及专注细分领域的七牛云、乐视云等。云存储服务商根据差异化的业务类别和数据价值，提供不同等级的云存储服务。目前公有云的云存储服务主要还是面向个人用户，以及企业与用户非重要数据的备份。而对于企业用户高性能、高可靠、高安全的存储服务还在前期探索阶段，预计未来会有快速发展。

存储行业的终端用户广泛分布于所有对数据存储有需求的各行各业，涵盖了国民经济的大部分领域，市场规模和发展潜力巨大，并不会因为个别行业的异常波动而对整体市场需求造成较大的影响。

第二节　半导体存储器

（一）电存储技术

电存储技术主要是指半导体存储器（Semiconductor Memory，SCM）。早期的 SCM 采用典型的晶体管触发器作为存储单元，加上选择、读写等电路构成存储器。现代的 SCM 采用超大规模集成电路工艺制成存储芯片，每个芯片中包含相当数量的存储单元，再由若干芯片构成存储器。

半导体存储器已超越硬盘，成为全球销售金额最高的主流存储器。根据 Gartner 的最终统计，2017 年全球半导体器件营收总计 4 204 亿美元，较 2016 年的 3 459 亿美元成长 21.6%，主要是受惠于 2017 年 DRAM 及 NAND Flash 价格大涨。而去年前 10 企业排名变化剧烈，位列前五的分别为三星、英特尔、SK 海力士、美光、高通，其中有 3 家是存储器厂。

2017 年存储器市场营收增加将近 500 亿美元，市场规模达 1 300 亿美元，较 2016 年成长 61.8%。2017 年光是三星的存储器营收就增加近 200 亿美元，让三星得以登上"销售额冠军"宝座。半导体存储器是全球最主流的存储器。随着固态硬盘（SSD）的普及，半导体存储器将进一步侵蚀硬盘的市场，它的市场地位将越来越高。

（二）电存储介质发展过程

半导体存储器种类繁多，不同的产品技术原理各不相同，均各有优缺点和适用领域。下面对常用的半导体介质做一下简单介绍。

1. Flash 卡系列

东芝在 20 世纪 80 年代初发明了 NAND 闪存，但这项技术直到 90 年代末数码相机和个人数字助理（PDA）掀起热潮时才大行其道，价格随之急剧下降。此后，NAND 闪存出现了众多格式，从大尺寸的专有卡（用于早期的手持电脑）到 PC 卡，再到闪存卡、SM 卡、安全数字卡、记忆棒和 XD 图像卡，不一而足。

1）CF 卡（compact flash）

1994 年由 SanDisk 最先推出的。CF 卡具有 PCMCIA-ATA 功能，并与之兼容；CF 卡重量只有 14 g，仅纸板火柴盒大小（43 mm×36 mm×3.3 mm），是一种固态产品，也就是工作时没有机械部件。CF 卡采用闪存（Flash）技术，是一种稳定的存储解决方案，不需要电池来维持其中存储的数据。对所保存的数据来说，CF 卡比传统的磁盘驱动器更具安全性和保护性；比传统的磁盘驱动器的可靠性高 5～10 倍，而且 CF 卡的用电量仅为小型磁盘驱动器的 5%。这些优异的性能使得大多数数码相机均选择 CF 卡（如图 8.3）作为其首选存储介质。

图 8.3 东芝 EXCERIA PRO 超高速 CF 卡

虽然最初 CF 卡是采用 Flash Memory 技术的存储卡，但随着 CF 卡的发展，各种采用 CF 卡规格的非 Flash Memory 卡也开始出现，CF 卡后来又发展出了 CF+ 的规格，使 CF 卡的应用范围扩展到非 Flash Memory 的其他领域，包括其他 I/O 设备和磁盘存储器，以及一个更新物理规格的 Type II 规格（IBM 的 Microdrive 就是 Type II 的 CF 卡），TypeII 和原来的 Type I 相比不同之处在于 Type II 厚 5 mm。

CF 卡同时支持 3.3 V 和 5 V 的电压，任何一张 CF 卡都可以在这两种电压下工作，这使得它具有广阔的使用范围。CF 存储卡的兼容性还表现在它把 Flash Memory 存储模块与控制器结合在一起，这样使用 CF 卡的外部设备就可以做得比较简单，而且不同的 CF 卡都可以用规格确定的方式来读写，不用担心兼容性问题，特别是 CF 卡升级换代时也可以保证旧卡的兼容性。

2）MMC（Multi Media Card）卡

MMC 卡由西门子公司和 SanDisk 公司于 1997 年推出。1998 年 1 月，14 家公司联合成立了 MMC 协会（Multi Media Card Association，MMCA），现已经有超过 84 个成员。MMC 协会的发展目标主要是，针对数码影像、音乐、手机、PDA、电子书、玩具等产品，生产号称是目前世界上最小的 Flash Memory 存储卡，尺寸只有 32 mm×24 mm×1.4 mm。虽然比 Smart Media 厚，但整体体积却比 Smart Media 小，而且也比 Smart Media 轻，只有 1.5 g。MMC 也是把存储单元和控制器一同做到了卡上，智能的控制器使得 MMC 保证兼容性和灵活性。

3）SD 卡（Secure Digital Memory Card）

SD 卡由日本松下、东芝及美国 SanDisk 公司于 1999 年 8 月共同开发研制。大小犹如一张邮票的 SD 记忆卡，重量只有 2 g，但却拥有高记忆容量、快速数据传输率、极大的移动灵活性，以及很好的安全性。SD 卡在 24 mm×32 mm×2.1 mm 的体积内结合了 SanDisk 快闪记忆卡控制与 MLC（Multilevel Cell）技术和东芝 0.16μm 及 0.13μm 的 NAND 技术，通过 9 针的接口界面与专门的驱动器相连接，不需要额外的电源来保持其上记忆的信息。而且它是一体化固体介质，可靠性很强。

SD 卡在 MMC 的基础上发展而来，增加了两个主要特色：一个是 SD 卡强调数据的安全，可以设定所存储数据的使用权限，防止数据被他人复制；另外一个特色就是，传输速度比 2.11 版的 MMC 卡快。

SD 卡运行在 25 MHz 的时钟频率上，数据带宽是 4 位，最大传输速率是 12.5 MB/s（12.5 兆字节每秒），高速 SD 卡传输速率可达 30 MB/s 以上。

4）TF 卡

TF 卡即 T-Flash 又称 Micro SD（如图 8.4），是极细小的快闪存储器卡，采用 SanDisk 公司最新 NAND MLC 技术及控制器技术。尺寸：15mm×11mm×1mm。TF 卡插入适配器（Adapter）可以转换成 SD 卡。

图 8.4　SD 卡（左）和 TF 卡（右）外观图

5）SM 卡

SM 卡是由东芝公司在 1995 年 11 月发布的 Flash Memory 存储卡，三星公司在 1996 年购买了 SM 卡的生产和销售许可，这两家公司成为主要的 SM 卡厂商。为了推动 Smart Media 成为工业标准，1996 年 4 月 SSFDC 成立论坛（SSFDC 即 Solid State Floppy Disk Card，实际上最开始时 Smart Media 被称为 SSFDC，1996 年 6 月改名为 Smart Media，东芝为其注册了商标）。SSFDC 论坛有超过 150 家成员，同样包括不少大厂商，如 Sony、SHARP、

JVC、Philips、NEC、SanDisk 等厂商。Smart Media 卡也是市场上常见的微存储卡，一度在 MP3 播放器上非常的流行。

6）记忆棒

Memory Stick 记忆棒，是 Sony 公司开发研制的，尺寸为 50 mm×21.5 mm×2.8 mm，重 4 g。和很多 Flash Memory 存储卡不同，Memory Stick 规范是非公开的，也没有什么标准化组织。采用了 Sony 自己的外形、协议、物理格式和版权保护技术，要使用它的规范就必须和 Sony 谈判签订许可。Memory Stick 内也包括了控制器，采用 10 针接口，数据总线为串行，最高频率可达 20 MHz，电压为 2.7 ～ 3.6 V，平均电流为 45 mA。可以看出这个规格和差不多同一时间出现的 MMC 颇为相似。

7）XD 卡

XD 卡全称为 XD-Picture Card，是由富士和奥林巴斯联合推出的专为小型数码相机使用的小型存储卡。它采用单面 18 针接口，是目前体积最小的存储卡。XD 取自于"Extreme Digital"，是"极限数字"的意思。XD 卡是较为新型的闪存卡，相比于其他闪存卡，它拥有众多的优势特点：袖珍的外形尺寸，外形尺寸为 20 mm×25 mm×1.7 mm，总体积只有 $0.85cm^3$，重量约为 2 g，是目前世界上最为轻便、体积最小的数字闪存卡；优秀的兼容性，配合各式的读卡器，可以方便地与个人电脑连接；超大的存储容量，XD 卡目前的容量可达 8 GB，具有很大的扩展空间。

8）微硬盘

微硬盘（Micro drive）最早是由 IBM 公司开发的一款超级迷你硬盘机产品。其最初的容量为 340 MB 和 512 MB，而 2006 年的产品容量有 1 GB、2 GB 以及 4 GB 等。2006 年以后，微硬盘降低了转速（4200 rpm 降为 3600 rpm），从而降低了功耗，但增强了稳定性。

微硬盘的盘片面积只有 1 平方英寸，整体也不过信用卡 1/3 面积，主流容量却达到了 1 ～ 4 GB 级水平，更有 15 GB（1 in）和 60 GB（1.8 in）的产品面世，无论是用作相机拍摄，还是数据存储，都是绰绰有余的。

9）迷你移动存储盘

迷你移动存储盘是 IBM、东芝发布的一块闪存卡大小的微型硬盘，名为 Micro drive。2003 年问世，一度以很低成本提供很高的存储容量和性能，后来容量更大的闪存介质让那些优势黯然失色。苹果 iPod（2001 年）及其他媒体播放器使用了类似的旋转磁盘设备，但 Micro drive 天生不牢固、耗电量大且存储容量有限，很快让设备厂商颇感沮丧。这种微硬盘已经快要被淘汰了。

2. USB 闪存盘

U 盘，全称 USB 闪存盘，英文名"USB flashdisk"。它是一种使用 USB 接口的微型高容量移动存储产品，通过 USB 接口与电脑连接，实现即插即用。

2000 年前后，有很多公司声称是自己第一个发明了 USB 闪存盘，包括中国朗科公司、以色列 M-Systems、新加坡 Trek 公司。但是真正获得 U 盘基础性发明专利的却是中国朗科公司。2002 年 7 月，朗科公司"用于数据处理系统的快闪电子式外存储方法及其装置"（专利号：ZL99117225.6）获得中国国家知识产权局正式授权。

在容量方面，多数厂家已经不再制造 1 GB 与更小的闪存盘了。金士顿发表了一款 512 GB 的 USB 3.0 闪存盘，并且宣称能够保证数据 10 年有效。

Lexar（雷克沙）正在尝试引入一种 USB 快闪存储卡。它兼容于 U 盘，并且希望能够取代各种快闪存储卡。

3. 固态硬盘

固态硬盘（Solid State Drives），简称固盘，它是用固态电子存储芯片阵列制成的硬盘，由控制单元和存储单元（FLASH 芯片、DRAM 芯片）组成。固态硬盘在接口的规范和定义、功能及使用方法上与普通硬盘相同，在产品外形和尺寸上也与普通硬盘一致，被广泛应用于军事、车载、工控、视频监控、网络监控、网络终端、电力、医疗、航空、导航设备等领域。

1）固态硬盘发展过程

1989 年，世界上第一款固态硬盘出现。2006 年 3 月，三星率先发布一款携带 32 GB 容量的固态硬盘笔记本电脑，自此之后，固态硬盘不断向前发展，现在已经有了只配置固态硬盘的笔记本电脑产品。图 8.5 所示为固态硬盘发展历程。

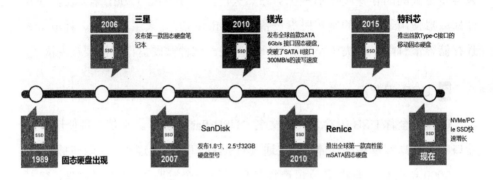

图 8.5　固态硬盘发展历程（关键节点）

> 1956 年，IBM 公司发明了世界上第一块硬盘。

> 1968 年，IBM 公司重新提出"温彻斯特"（Winchester）技术的可行性，奠定了硬盘发展方向。

> 1970 年，StorageTek 公司开发了第一个固态硬盘驱动器。

> 1989 年，世界上第一款固态硬盘出现。

> 2006 年 3 月，三星公司率先发布一款携带了 32 GB 容量固态硬盘的笔记本电脑。

> 2007 年 1 月，SanDisk 公司发布了 1.8 英寸 32 GB 固态硬盘产品，3 月又发布了 2.5 英寸 32 GB 型号。

> 2007 年 6 月，东芝公司推出了其第一款 120 GB 固态硬盘笔记本电脑。

> 2009 年，固态硬盘井喷式发展，各大厂商蜂拥而来，存储虚拟化正式走入新阶段。

> 2010 年 2 月，镁光公司发布了全球首款 SATA 6 Gb/s 接口固态硬盘，突破了 SATA II 数据接口 300 MB/s 的读写速度。

> 2010 年底，瑞耐斯公司（Renice）推出全球第一款高性能 mSATA 固态硬盘并获取专利权。

> 2012 年，苹果公司在笔记本电脑上应用容量为 512 GB 的固态硬盘。

> 2015 年 8 月 1 日，中国存储厂商特科芯公司推出了首款 Type-C 接口的移动固态硬盘。它提供了最新的 Type-C 接口，支持 USB 接口双面不分面插拔。

> 2016 年 1 月 1 日，特科芯发布了全球首款 Type-C 指纹加密 SSD。

2）固态硬盘的结构

固态硬盘（SSD）由控制单元和存储单元（Flash 芯片、DRAM 芯片）组成。和传统硬盘相比，SSD 相对于 HDD 而言再也没有了寻道时间、柱面、扇区、磁道、坏道等概念，所以其速度和安全性都有极大地提升。从市场方面看，SSD 因为采用 NAND 存储芯片，所以和摩尔定律挂钩之后性能、容量会逐步提升，价格会逐步下降，一定能够完全取代传统硬盘。从应用角度看，SSD 耐冲击，更少受颠簸、温度等影响，其安全性和可用性已经在一些特殊领域得到体现，以后在 PC 中也会得到更大发展。

SSD 属于 NAND 存储器，大数据存储和高速传输需求让 500 GB 以上的 SSD 在服务器市场需求快速增加。而在 PC 端，HDD 也逐渐无法抵挡 SSD 的攻势，从 2010 年到 2018 年，主流 HDD 的性能、成本几乎没有太大变化，而 SSD 却是紧跟摩尔定律，在读写速度、容量等方面都进步极大，性价比飙升。表 8.1 是主流 HDD 和 SSD 过去的性价变化。

表 8.1 主流 HDD 和 SSD 过去的性价变化

产 品	指 标	2010	2018	增 幅
HDD	主流产品容量	1TB	2TB	100%
	旗舰产品容量	2TB	8TB	300%
	主流产品容量价格比	2.5GB/元	10GB/元	300%
SSD	主流产品容量	40GB	480GB	1100%
	旗舰产品容量	128GB	4TB	3100%
	主流产品容量价格比	0.05GB/元	1GB/元	1900%

资料来源：市场数据，联盟整理。

（三）半导体市场格局

存储器是半导体三大支柱产业之一。据 WSTS（世界半导体贸易统计组织）公布的数据，2017 年世界半导体市场规模为 4086.91 亿美元，同比增长 20.6%，首破 4000 亿美元大关，存储器电路（Memory）产品市场销售额为 1229.18 亿美元，同比增长 60.1%，占到全球半导体市场总值的 30.1%，超越历年占比最大的逻辑电路（1014.13 亿美元）。

存储器电路三大主流产品为 DRAM、NAND Flash、NOR Flash。根据 2015 年 Wind 的相关数据，DRAM 约占存储器市场 53%，NAND Flash 约占存储器市场 42%，而 NOR Flash 仅占 3% 左右。近年来，存储器市场垄断程度逐步加剧。以 DRAM 和 NAND 两种主要存储芯片为例，DRAM 市场 95% 左右的份额由韩国三星、海力士和美国美光三家占据，而 NAND Flash 市场几乎全部被三星、海力士、东芝、西部数据和美光、英特尔六家瓜分。

1. DRAM

DRAM 的全球销售额大致在 400 亿美元，其中三星、海力士、美光已呈现"三分天下"之势，三家占据 95% 以上的市场份额，行业具有"寡头垄断"特征。三星无论工艺、产能还是占有率都有绝对优势，2014 年第一个量产 20nm DRAM 工艺之后，再次领先并量产 18nm DRAM，制程领先对手 1 ～ 2 年。今年海力士和美光也在追赶"18 nm 技术潮流"，行业垄断性有增强趋势。

2. NAND Flash

NAND Flash 全球市场规模约 300 亿美元，垄断形势比 DRAM 更加严重。三星依然是行业龙头，连续多年市场占有率维持在 35% 左右；东芝市场占有率在 18% 左右，夺得 NAND 领域的第二；西部数据收购 SanDisk 公司后也一跃上榜，市场占有率和东芝基本不分上下；美光和海力士紧随其后，都在 10% 左右；英特尔则占 7%；上述六家公司基本垄断了 NAND 市场，且垄断程度呈上升趋势。

3. NOR Flash

虽然 NOR Flash 总市场份额较小，但是由于代码可在芯片内执行，仍然常常用于存储启动代码和设备驱动程序。从需求的角度，随着物联网、智慧应用（智能家居、智慧城市、智能汽车）、无人机等厂商引入 NOR Flash，作为存储装置和微控制器内控程序集成装置，NOR Flash 需求持续增长。从供给端角度，一方面由于 DRAM 和 NAND 抢食硅片产能，导致 NOR Flash 用 12 英寸硅片原材料供不应求，价格上涨；另一方面，美光及 Cypress（赛普拉斯）纷纷宣布退出，关停部分生产线等，产生供给缺口，也导致价格上涨。

经过近几年版图大洗牌，目前旺宏公司成为产业龙头，占有率约 24%（2017 年 2 月份数据，下同），赛普拉斯占有率约 21%，美光占有率约 20%，华邦集团居第四位，国内厂商兆易创新居第五，占有一席之地。从各家公司的产品分布上，高端 NOR Flash 产品多由美光、赛普拉斯供应，应用领域以汽车电子居多；华邦集团、旺宏公司则以 NOR Flash 中端产品供应为主，应用领域以消费电子、通信电子居多；而兆易创新提供的多为低端产品，主要应用在 PC 主板、机顶盒、路由器、安防监控产品等领域，NOR Flash 竞争格局见表 8.2。

表 8.2　NOR Flash 竞争格局

品　　牌	模　　式	应　　用
旺宏	IDM	汽车电子
赛普拉斯	IDM	汽车电子
美光	IDM	消费电子、通信电子
华邦	IDM	消费电子、通信电子
兆易创新	Fabless	PC 主板、机顶盒、路由器、安防监控产品等

注：IDM（Intergrate Design Manufacture）指集成设计、制造和封装及测试；Fabless 则只做产品设计而不从事芯片制造。

资料来源：中时电子报，联盟整理。

（四）电存储产业链情况

半导体设备和材料处于 IC 产业的上游，为 IC 产品的生产提供必要的工具和原料。当前 IC 产业的商业模式可以简单描述为，IC 设计公司根据下游客户（系统厂商）的需求设计芯片，然后交给晶圆工厂进行制造，之后再由封装测试厂进行封装测试，最后将性能良好的 IC 产品出售给系统厂商。

IC 设计、晶圆制造、封装测试是 IC 产业的核心环节，除此之外，IC 设计公司需要从 IP/EDA 公司购买相应的 IP 和 EDA 工具，而 IC 制造和封装测试公司需要从设备和材料供应商购买相应的半导体设备和材料及化学品。因此，在核心环节之外，集成电路产业链中还需要 IP/EDA、半导体设备、材料及化学品等上游供应商。

存储器制造产业链（如图 8.6）可以概括为：上游提供原材料和制造装备、用户需求产生后进行 IC 设计，然后进入芯片制造、封装、测试环节，最后成品进入下游应用市场。

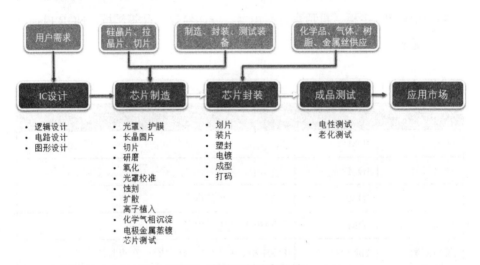

图 8.6　存储器制造产业链

资料来源：公开资料，联盟整理。

1. 上游原加工工具及材料

集成电路采用的材料主要包括：硅、锗硅、GaAs、SiC、InP 等。在芯片制造环节原材料供应商主要供应：硅晶圆片（简称晶圆）、拉晶片、切片等；设备供应商供应主要芯片制造装备、封装装备和测试设备。

在芯片封装环节中，上游提供化学材料、气体、树脂、金属丝等材料。

目前，世界半导体制造设备主要供应厂商是 AMAT（美国应材）、ASML（荷兰艾司摩尔）、Lam Research（美国科林研发）、LKA-Tencor（美国科磊）、Dainippon Screen（日本迪恩仕）。这五家公司的销售额占世界总份额的 80% 以上。英特尔、三星电子、中芯国际、台积电等厂商的主要半导体设备均由这几家公司提供。

值得注意的是，ASML 是全球领先的光刻机生产制造商，20 nm 左右制程的芯片，均需要其光刻设备才能生产。

目前，国内半导体生产设备厂商以七星华创、北方微电子、中国电子科技集团等为主，一些企业也研发出了 28 nm 的等离子硅刻蚀机，但主要供国内厂家使用，从全世界范围来看，占比不超过 3%。

2. 存储器制造

中国芯片企业虽然经过多年的发展，在设计、制造，以及封测领域已经形成了一批规模不小的企业，但与全球芯片巨头的技术水平相比仍有差距。

1）芯片设计软件

芯片设计软件是芯片公司设计芯片结构的关键工具，目前芯片的结构设计主要依靠 EDA（电子设计自动化）软件来完成，Cadence（美国铿腾电子科技）、Mentor Graphics（美国明导国际）、ALTIUM（澳大利亚 ALTIUM 公司）、Synopsys（美国新思科技）、Magma Design Automation（美国微捷码）、ZUKENINC（日本图研株式会社）等几家公司，几乎垄断了世界半导体设计软件。其中，仅美国的四家公司在全世界的 EDA 市场份额就占到 70% 以上。

目前，中国开发 EDA 软件的企业主要有展讯公司和华为公司。两家公司的设计软件主要供内部使用，市场份额还很低，总占比不到10%。

2）指令集体系

从技术来看，CPU只是集成了众多电子器件和电路的集合体，没有高效的指令集体系，芯片没法运行操作系统和软件。作为IT产业的土壤层，世界主流的指令集体系主要有两类。

由于处理信息的方式不同，CPU指令集分为复杂指令集和简单指令集两种。简单指令集代表厂家有ARM（英国ARM）、Power Architecture（美国IBM）、Mips（美国普思科技公司）。复杂指令集代表厂家为英特尔。现在英特尔公司也设计了简单指令集处理器。

目前，英特尔、Mips、ARM三家公司的指令集体系，几乎占领了全世界所有的智能手机、电脑及服务器等设备。中国芯片在这方面的占有率不超过3%。

3. 芯片设计

芯片设计公司，作为芯片产业连接电子产品、服务的接口，是平时产业界乃至公众接触最多的企业类型。全球芯片设计公司主要有高通、安华高、英伟达、联发科等，以及专注于物联网领域的美国博通等。

据市场调研机构IC Insights发布的2018年全球前十大芯片设计公司排行及整体销售额显示，高通、安华高、联发科排在前三位，这三家公司的销售总额超过后7家之和。

中国台湾地区的联发科和台积电也有很强的竞争力，大陆地区的华为海思及展讯科技公司也表现出色，它们均进入"世界十二强之列"。华为海思排名第6位，销售额为38亿美元左右，展讯科技公司的销售额为18亿美元。

4. 晶圆代工

芯片生产方式一般分为两大类：一类叫IDM，通俗理解就是集芯片设计、制造、封装和测试等多个产业链环节于一身的企业。有些甚至有自己的下游整机制造环节，如英特尔、三星、IBM就是典型的IDM企业。另一类叫

Foundry，就是企业本身不设计、不销售芯片，只负责生产，最著名的就是台积电。晶圆代工厂是芯片从图纸到产品的生产车间，它们决定了芯片采用的纳米工艺等性能指标。

从规模看，全球代工企业主要有美国格罗方德半导体、韩国三星，以及中国的中芯国际等公司。

目前，前五家海外晶圆代工厂的市场份额超过全球 70%。中芯国际、武汉新芯、上海华力微电子等国内企业，虽然近年来增长较快，但所占市场份额不超过 15%。如果算上英特尔、IBM 这样的 IDM 企业，中国芯片在晶圆制造方面的份额还会更低。

5. 封装测试

封装测试（简称封测），作为芯片进入销售前的最后一个环节，主要目的是保证产品的品质管理，对技术需求相对较低。像英特尔、AMD 等芯片厂商内部都拥有封测部门及配套企业。

当然，也有一些企业比如台积电则将封测业务外包，这也就促成了全球近半的封测企业都集中于中国台湾地区的情况。2014 年，台湾芯片封测业产值占全球比例达 55.2%。

目前，规模较大的封测企业有中国台湾地区的日月光集团、矽品、京元电，美国的安靠等。

封测领域是中国芯片产业最早可赶超世界平均水平的领域，而中国的封测企业正在尝试并购全球的封测公司。

比如，2015 年，长电科技与新加坡星科金朋的合并，造就了仅次于日月光（全球第一）和安靠（全球第二）的全球第三大封测厂，全球市场份额 9.8%；南通富士通微电子出资约 3.7 亿美元收购 AMD 旗下的苏州厂和马来西亚槟城厂；目前，紫光集团也已入股矽品科技公司，占股份 25%。从总量来看，国内企业在封测领域的占比接近 20%。

6. 下游应用领域

而从细分产业角度来看，芯片业包括设计、制造和封测三个主要环节。芯片被喻为半导体的"工业粮食"，伴随着科技的发展芯片已变得无处不在，且无所不能。小到身份证、银行卡，中到手机、电脑、电视，甚至在飞机、军舰、卫星等系统中，都安置着大小不同和功能各异的芯片。显而易见地，芯片事关国家经济、军事、科技，以及居民财产安全，因此各国政府无不将其置于国家战略的位置。

（五）产业发展展望

我国目前已初步搭建起了芯片产业链，其中主要包括以华为海思、紫光集团、国睿集团为劲旅的芯片设计公司，以中芯国际、上海华力、中国电科为代表的芯片制造商，以及以长电科技、华天科技、通富微电等为龙头的芯片封测企业。但是，在创新研发与设计能力上，国内芯片企业绝大多数大幅落后于全球领先厂商，麦肯锡给出的评估结论是，仅英特尔一家的研发开支就是国内芯片业的 4 倍之多；国内芯片制造企业规模普遍不大，生产承接能力较弱，眼下最多能承担全球半导体行业 15% 的制造量；另外，诸如硅、锗等芯片的上游重要原材料，我国在全球市场中的占比也不足 1%，国产芯片业的扩产与供给能力受到严重的制约。

国内发展半导体存储器存在以下三大挑战。

（1）存储器进入壁垒高。传统的 DRAM、NAND Flash、NOR Flash 已经是一个高度垄断的市场，而且资金、技术门槛极高，三四家领先企业霸占了全球 90% 以上的市场，这样的市场进入壁垒极高。

（2）存储器技术进步快，追赶压力大。存储器技术按照摩尔定律发展，每 1～2 年技术进步一代，三星、美光等领先企业技术不断进步，中国在技术、人才非常落后的情况下追赶的难度可想而知。

（3）海外技术封锁。半导体技术是信息技术的核心，是美国、日本等国对我国技术封锁的主要领域，企业在需求海外收购和技术合作方面存在困难。

同时，国内发展存储器也面临以下三大机遇。

（1）国内发展存储器产业的坚定决心。无论是从信息安全，还是芯片国产化的角度，大力发展存储器产业已经成为共识。紫光国芯的 800 亿美元定向增发，武汉新芯的 240 亿美元投资等，都表明了中国发展存储器的坚定决心。

（2）存储器产业迎来变革，提供了弯道超车机会。传统 2D 结构的 DRAM 和 Flash 技术在成本、性能等方面存在不足。3D NAND 已经量产，3D DRAM、PCRAM、3D XPoint、RRAM、MRAM 等各类新存储器技术日益成熟，有望取代传统 DRAM 和 Flash 成为主流的半导体存储器。中国可以重点开展新存储器的研发。

（3）新型存储器领域的差距小，有望打破行业垄断局面。最近 10 多年来，中国的高校、研究所、企业等机构在 PCRAM、RRAM、3D NAND 等新型存储器领域不断取得进步，与全球顶尖机构的差距较小，有望成为弯道超车的突破口。以 PCRAM 为例，中国科学院上海微系统所与中芯国际合作开发，具有自主知识产权的打印机专用相变存储器芯片年出货量已达到千万颗的规模，处于全球领先行列。

在大力发展存储器芯片的过程中，我们认为，应好好利用当前存储技术的变革时期，着力发展具备自主知识产权的新型存储器，或许能够实现存储器产业的弯道超车。在新型存储器方面，应重点发展 3D NAND、3D DRAM、PCRAM 和 MRAM，并密切关注英特尔和美光的 3D Xpoint 技术量产进度，密切关注三星、海力士、东芝等领先企业的研发动向。

第三节　磁存储技术

电脑移动存储介质已进入蓬勃发展时期，从许多方面来看，这个主题围绕着软件分发：移动存储介质的一项任务是，在不需要从头开始重新编程的情况下分享软件。下面重温一下在过去的几十年间工程师们是如何解决这个问题的。

磁存储介质发展过程

1. 磁带

磁带是一种用于记录模拟量声音、图像，以及数字化音频、图片、数字或其他信号的带状磁质材料，是产量大且应用广泛的一种磁记录材料。它的制造方法通常是在塑料薄膜带基（支持体）上涂覆一层颗粒状磁性材料（如针状 γ -Fe_2O_3 磁粉或金属磁粉）或蒸发沉积上一层磁性氧化物或合金薄膜，最早曾尝试用塑料、赛璐珞等作为带基，现在主要用强度高、稳定性好、附着力优且不易变形的聚酯薄膜。

（1）磁带从20世纪30年代开始出现，录音带曾是用量最大的一种磁带。

（2）1963年，荷兰飞利浦公司研制成盒式录音带，由于其具有轻便、耐用、互换性强等优点而得到迅速发展。

（3）1973年，日本东京电气公司研制成功由包钴磁粉制成的磁带。

（4）1978年，美国生产出由金属磁粉制成的磁带。日本日立玛克赛尔公司利用其创造的 MCMT 技术（即特殊定向技术、超微粒子及其分散技术）制成了微型及数码盒式录音带，使录音带又达到一个新的水平，并使音频记录进入了数字化时代。

当时生产的众多电脑机型（尤其是大型机和小型机）使用开盘式磁带作为海量存储介质。IBM 在 1963 年推出了第一部带移动磁盘的硬盘机：IBM 1311，它使用可更换的磁盘组，每个磁盘组里面有 6 片直径为 14 英寸的磁盘。每个磁盘组可存储大约 2 MB 的数据。20 世纪 70 年代的许多硬盘机都装有磁盘组，比如 DEC RK05，电脑公司经常使用磁盘组来分发软件。

20 世纪 60 年代，飞利浦公司开发出了小型带盒（塑料外壳里面有两小盘磁带），使用的这是一种音频记录格式。惠普一度将这种格式用在其 HP 9830（1972 年产，类似计算器和微型计算机的计算设备）中。但小型盒式磁带直到几年后才流行起来，广泛用于数据存储，这种存储介质在 70 年代末 80 年代初的廉价电脑中依然很盛行，那是由于介质和驱动器都非常便宜（许多电脑可以通过标准的盒式磁带播放机来装入及保存数据）。

如今，磁带这种存储介质依然存在。实际上，如果你需要将大量数据存储在单一位置，磁带是一种极为实用的解决方案。像 IBM 公司的 1.6TB LTO Ultrium，这样的盒式磁带仍用于大规模的服务器备份。

在 2015 年日本国际广播电视设备展上，日本富士胶片公司发布了一款新的 15TB 数据磁带，名叫 Ultrium 7。作为一种冷存储介质，这种钡铁氧体磁带的信噪比很低，因此可实现极高的数据存储密度。

日本富士胶片公司和瑞士苏黎世的研究人员研发出一种新型超高密度磁带，被称为"线性磁带文件系统"。这种存储系统存储密度更高，能耗更低，能够取代当前的硬盘。他们研制的超密磁带原型覆盖钡铁氧体颗粒图层，所使用的带盒长 10 cm×10 cm×2 cm，能够存储 35TB 数据，相当于 3500 万本图书所含的信息。目前这款产品尚未上市，但可以预见的是随着新材料的使用，新型磁带存储技术仍将继续向前发展并可能出现革命性突破。

2. 软盘

（1）IBM 在 1971 年推出了第一部商用软盘驱动器（简称软驱）。与它配套使用的 8 英寸软盘上面涂有磁性材料，装在塑料保护套里面。用户很快认识到：与成堆的穿孔卡片相比，使用软盘将数据装入电脑来得更快、成本更低，还更节省空间。

（2）1976 年，软盘的联合发明人 Alan Shugart 为个人电脑研制出了新的 5.25 英寸软驱。这种软盘直到 20 世纪 80 年代的后半期都是整个行业的标准，直到后来索尼公司的 3.5 英寸软盘（1981 年发明）主导了市场。

（3）20 世纪 80 年代，许多公司尝试开发非传统的软盘格式。这样一种"软盘"根本就不是软盘——ZX Microdrive 磁带（有时又叫"带状软盘"），里面有一卷环状磁性磁带，类似 8 音轨磁带。这方面的其他试验产品包括：苹果的 File Ware，安装在第一台苹果 Lisa 电脑上的是 3 英寸微型软盘（最近被 Network World 评为苹果历史上最糟糕的产品之一），以及很少见的 2 英寸 LT-1 软盘，它只用于 1989 年的 Zenith Minisport 便携式电脑中。其他试验的结果应用于小众产品中，但没一个像 5.25 英寸和 3.5 英寸软盘格式那样流行。

（4）Zip 驱动器：20 世纪 80 年代，艾美加凭借 Bernoulli Box 进入了移动存储行业，该磁盘盒可存储 10 MB 或 20 MB 的数据。

（5）光软盘：Insight Peripherals 公司在 1992 年推出了第一部"光软驱动器"。它可在一张特殊的 3.5 英寸磁性软盘上存储 21 MB 的数据。光软盘的容量很大，关键在于"软盘—光盘"混合系统结合了传统的磁性介质和基于激光的磁头跟踪机制（可以更精准地定位并写数据），因而每张盘上有更多的磁道（结果有更大的存储量）。20 世纪 90 年代末，两种向后兼容的新型光软盘格式问世——Imation 公司的 LS-120 超磁盘（120MB）和索尼 HiFD（150MB）。它们准备与艾美加 Zip 驱动器一较高低，不过到头来，都败给了 CD-R 光盘。

到 2002 年之后，软驱逐渐不再是 PC 电脑的标配，目前已经渐渐淡出了人们的视线。

3. ROM 卡匣

ROM 卡匣（如图 8.7）是一块电路板，里面有一块只读存储器（ROM）芯片和一个接口，用坚固外壳封装起来。这种卡匣可用于装载游戏或程序。

图 8.7 ROM 卡匣

1976 年，仙童半导体公司发明了可与仙童 Channe lF 视频游戏系统结合的 ROM 软件卡匣。不久，Atari 800（1979 年）和 TI-99/4（1979 年）等家用电脑采用 ROM 卡匣，用于简单的软件装载和分发。莲花公司（Lotus）甚至为 IBM-PC（1984 年）开发了基于 ROM 卡匣的 Lotus1-2-3 版本。ROM 卡匣速度快、使用简便，但价格也相对较高——这个缺点决定了它的短命。

4. 机械硬盘

硬盘有固态硬盘（SSD）、机械硬盘（HDD）和混合硬盘（HHD）三种类型。SSD 采用闪存芯片来存储，HDD 采用带磁介质涂层的合金碟片来存储，混合硬盘是把 HDD 和闪存集成到一起的一种硬盘。

机械硬盘即我们传统意义上的硬盘，主要由盘体、控制电路板和接口部件等组成。盘体是一个密封的舱体，里面密封着磁头、盘片（磁片或称碟片）等部件；控制电路板上主要有硬盘 BIOS、硬盘缓存（即 CACHE）和主控制芯片等单元；硬盘接口包括电源插座、数据接口和接口电路等。

硬盘的盘片是硬质磁性合金盘片，片厚一般在 0.5mm 左右，直径主要有 1.8 英寸（1 英寸 =25.4mm）、2.5 英寸、3.5 英寸和 5.25 英寸 4 种，目前

2.5 英寸和 3.5 英寸盘片应用最广。盘片的转速与盘片大小有关，考虑到惯性及盘片的稳定性，盘片越大转速越低。现在 2.5 英寸硬盘的转速最高已达 7200 r/min，3.5 英寸硬盘的转速最高已达到 5400 r/min。

1）硬盘工作原理

硬盘驱动器采用高精度、轻型磁头驱动 / 定位系统。这种系统能使磁头在盘面上快速移动，可在极短的时间内精确地定位在由计算机指令指定的磁道上。

机械硬盘的磁头可沿盘片的半径方向运动，加上盘片每分钟几千转的高速旋转，磁头就可以定位在盘片的指定位置上进行数据的读写操作。写操作时，磁头线圈中电流方向变化，改变磁涂层单元的极性，将数字信号转换成磁性信号写到磁盘上，信息可以通过相反的方式读取。硬盘作为精密设备，尘埃是其大敌，所以最初 HDD 设计了过滤装置，并对 HDD 使用的温度和洁净度有严格限制，随后所有 HDD 均采用了密封结构。

磁盘上数据读取和写入所花费的时间可以分为三个部分：寻道时间、旋转延迟和传输时间。

寻道时间，其实就是磁臂移动到指定磁道所需要的时间，这部分时间又可以分为两部分：寻道时间 = 启动磁臂的时间 + 常数 × 所需移动的磁道数，其中常数和驱动器的硬件相关，启动磁臂的时间也和驱动器的硬件相关。

旋转延迟指的是把扇区移动到磁头下面的时间。这个时间和驱动器的转数有关，我们通常所说的 7200 转的硬盘的转就是这个。平均旋转延迟 =1/（2× 每秒转数），比如 7200 转的硬盘的平均旋转延迟等于 1/（2×7200/60）≈4.17ms，旋转延迟只和硬件有关。

传输时间指的是从磁盘读出或将数据写入磁盘的时间。传输时间 = 所需要读写的字节数 / 每秒转速 × 每扇区的字节数。

2）机械硬盘的发展史

硬盘是当前主要的存储媒介之一，在计算机发展史上拥有极其重要的地位，其发展过程也更加的丰富多彩。图 8.8 所示为机械硬盘发展过程。

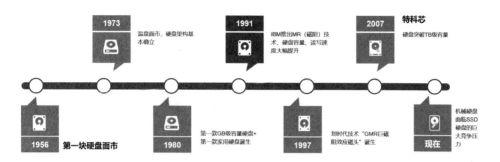

图 8.8 机械硬盘发展过程（关键节点）

资料来源：行业公开资料，联盟整理。

（1）1956 年，世界上第一块硬盘诞生。

世界上第一块硬盘诞生在 1956 年，至今已有 60 多年的历史。它由 IBM 公司制造，世界上第一块硬盘：IBM 350 RAMAC。盘片直径为 24 英寸，盘片数为 50 片，重量则是上百公斤，相当于两个家用冰箱的体积。不过其存储容量只有 5MB（这在当时只存储字符时代已非常了不起！）。

在那个时代，RAMAC 是令人吃惊的计算机设备，被用于银行和医疗领域。虽然 RAMAC 还不能称之为严格意义上的硬盘，但却为计算机发展史掀开了新的一页。

（2）1973 年，温彻斯特（Winchester）硬盘诞生。

由于 RAMAC 体积过于庞大，性能低等缺点，IBM 提出了"温切斯特/Winchester"（简称温式硬盘或直称温盘）技术，并于 1973 年研制成功了一种新型的硬盘 IBM 3340。这种硬盘拥有多片同轴的金属盘片，盘片上涂着磁性材料。它们与能够移动的磁头共同密封在一个完全封闭舱室——盘舱——里面，磁头从旋转的盘片上读出磁信号的变化。至此，硬盘的基本架构就被确立下来。

在 1979 年，IBM 发明了薄膜磁头技术，这项技术能显著减少磁头和磁片的距离，增加数据密度，令硬盘体积可以进一步减小，读写速度可以更快，容量更大。同时期 IBM 推出了第一款采用薄膜磁头技术的硬盘 IBM 3370。

IBM 3370 最初能存储 571MB 的数据，最高可扩展到 4 个单元并能和 IBM System/360 大型计算机搭配。

（3）1980 年，第一款 GB 级容量硬盘 + 第一款家用硬盘诞生。

真正的第一款 GB 级容量硬盘是由 IBM 于 1980 年推出的 IBM 3380，容量达 2.5 GB。跟现在的轻量级硬盘不同，IBM 3380 的重量超过 500 磅（约合 226.8 千克）。

同年，两位前 IBM 员工创立的公司开发出第一款 5.25 英寸的硬盘 ST-506，该硬盘初始容量为 5MB，这是首款面向个人用户的硬盘产品。而该公司正是现在的希捷公司。这款硬盘也是存储行业第一次引入了计算系统中独立磁盘控制器的概念。

（4）1991 年，硬盘技术取得巨大突破。

在 20 世纪 80 年代末，IBM 公司推出 MR（Magneto Resistive 磁阻）技术，这种新型磁头采取磁感应写入、磁阻读取的方式，令磁头灵敏度大大提升，大幅度提高硬盘的工作效率，与此同时盘片的存储密度提高了数十倍，为硬盘容量的巨大提升奠定了基础。

在 1991 年，IBM 应用该技术推出首款 3.5 英寸的 1 GB 硬盘 0663-E12。虽然在此之前 1983 年已经出现了第一款 3.5 英寸硬盘，1988 年出现了第一款 2.5 英寸硬盘，但容量方面都没有突破 GB 级，可以说 0663-E12 是开创了民用级 GB 硬盘的先河。从此硬盘容量进入了 GB 数量级，3.5 英寸的硬盘规格也由此成为现代计算机硬盘的标准规格之一，与现在的 2.5 英寸 HDD 并驾齐驱。

（5）1997 年，划时代技术"GMR 巨磁阻效应磁头"诞生。

在 1997 年，另一项划时代的技术诞生了，那就是"GMR 巨磁阻效应磁头"。新磁头相比 MR 磁头而言更加敏感，如果说用 MR 磁头能够达到每平方英寸 5 Gb 的存储密度，那么使用 GMR 之后，存储密度可以达到每平方英寸 40 Gb，相对于以前提高了 8 倍之多，这使硬盘的存储密度又上了一个台阶。

不过，由于现有的硬盘区域密度达到了相当高的水平，进一步的发展受到了超顺磁效应的限制，要继续推动硬盘技术的发展，需要引入新的技术。

（6）2007 年，硬盘突破 TB 级别容量。

垂直存储技术出现，它可识别垂直于磁盘涂层的磁极信号，较之厚涂层水平方向磁极信号，磁极位面积急剧减小，使磁盘容量骤增。在 2007 年，日立推出了第一款突破 TB 级容量的硬盘。

到 2012 年，有了第一款 4 TB 硬盘。2012—2017 年是 SSD 的时代，HDD 受限于机械硬盘的瓶颈，难以突破，性能上升空间有限，又加上 SSD 大肆崛起，机械硬盘面临巨大的竞争压力。虽然机械硬盘技术增速趋缓，但 HDD 硬盘销量依然十分巨大。

第四节　磁光电混合存储技术

当前信息存储领域主要使用电存储、磁存储和光存储的三大存储介质。其中电存储成本太高。磁存储中的机械硬盘可擦写，但容易易丢失数据，一般不会用于档案存储；磁存储中的数字存储磁带在成本上具有很大优势，是目前使用得最多的归档存储介质，但是在读取速度和后期维护上也存在一定的局限。

（一）云计算与大数据中心

正是数据存储和数据管理的巨大需求，促进了"云计算"概念的诞生，也催生了"大数据中心"建设的热潮。作为一种以数据和处理能力为中心的密集型计算模式，云计算登上了舞台，它的核心技术主要由计算资源管理技术、网络技术、虚拟技术、数据存储技术组成，在保障云计算平台的支撑技术中，数据安全和绿色节能技术最为关键。

云计算平台得以建立有两个前提：一是有存储在一定地方的大量数据，二是这些数据不能随意被改写。没有存储下来的大量数据，无论多么高级的云计算技术都没有用处；如果数据可轻易篡改，任何云计算技术，得到的都只能是错误的甚至是有害的结果。

因此，大数据中心建设（能够保证大量数据被安全存储且不被改写）是云计算平台得以建立的前提，在这个前提下，绿色节能技术的应用能够为建立更多的云计算平台提供地球资源和环境支撑保障。

（二）现有存储方案存在的问题

由于技术成熟度等历史原因，到目前为止，世界上 95% 的数据中心都采用"硬盘 + 磁带"存储方案，其中硬盘用于在线、近线存储，磁带则用于归档的离线存储。

Google 在大数据量应用环境下所做的统计表明：6 块硬盘同时工作 2 年的存活率为 54%，同时工作 3 年的存活率为 30%，12 块硬盘同时工作 5 年的存活率只有 1%。在实际运行中，"每隔两年"硬盘上的数据就要被重写一次；"每隔 5 年"磁带上的数据也要被重写一次——旧磁带要重新充磁。在新数据量以每年 57% 的速率递增的情况下，旧数据的再存储造成了巨大的人力物力财力浪费，关键的问题还在于，约有 85% 的数据在存储之后就没有被读取过，造成了严重的存储资源浪费。

即使这样，IBM 苏黎世实验室的研究也指出，在使用企业级 SCSI 硬盘和 RAID5 存储 100TB 数据的情况下，前 5 年丢失数据的概率是 24%，现代企业不能承受大量数据丢失所带来的损失，2011 年以后发生的各种信息泄密和丢失事件，正在迫使人们寻找更加安全可靠的数据存储解决方案。

（三）新存储方案的比较

Gartner 存储资深副总裁 Carolyn Dicenzo 提出过一种"3-2-1 存储策略"，这种策略可以简单地归纳为："对于要长期存储的数据，至少要有 3 份备份，它们被存储在 2 种不同的物理介质上，其中 1 份必须是可移动的、离线的永久拷贝。"

按照上述策略，在目前已经存在的磁光电存储技术中，我们应该选择两种存储介质，可能的选项是：（1）磁介质 + 光介质；（2）电介质 + 光介质；（3）电介质 + 磁介质。由于电存储和磁存储的数据都可以改写，在受到电磁冲击时数据都容易消失，介质寿命也相近（5 ～ 10 年），因此，满足上述存储策略的，只有"磁介质＋光介质"和"电介质＋光介质"的两种组合方式，因为一次写入光盘的数据不能改写，能够抗电磁冲击，蓝光光盘的寿命超过 50 年（类似熔融石英玻璃多维存储方案，理论上可以达到永续保存）。

采取磁光电存储方案时的耗电量、碳排放量、耗材成本均有改善。从价格上来讲，电存储的成本远大于磁存储和光存储。即使目前的电存储成本远大于磁存储，美国仍在尝试将"电介质＋光介质"存储解决方案引入到大数据中心建设中，以磁存储技术为主流的旧数据中心存在的现实问题是：（1）运维成本在初期投资成本的 5 倍以上，而且随着存储时间的延长，运维成本越来越大；（2）空调电费占运维成本的 40% 以上。在日本，正在尝试将"磁介质＋光介质"存储解决方案引入到大数据中心建设中。

表 8.3 给出了 10 PB 数据保存 50 年的电力消耗和碳排放量对比，三种情况分别对应着"（100%）BD 蓝光光盘、（40%）BD 蓝光光盘＋（60%）磁盘阵列、（100%）磁盘阵列＋磁带"存储的情况，如果以磁盘阵列＋磁带的存储方案为 100%，完全采用 BD 蓝光光盘存储方案时的耗电量、电费和碳排放量仅为 2%，即使采取部分 BD 蓝光光盘存储方案，三项指标也有相当程度的改善。

表 8.3　10 PB 数据保存 50 年的电力消耗与碳排放量对比

存储方案	电力消耗			碳排放量	
	耗电量 （万度）	电费 （万元）	耗电量 （百分比）	CO_2 排放量 （吨）	排 CO_2 量 （百分比）
40%BD 光盘＋ 60% 磁盘阵列	19 200	11 712.0	65 000	60%	60%
100% 磁盘阵列＋ 磁带	31 750	19 367.5	107 500	100%	100%

注：电费计算单价按照 0.61 元 / 度。

资料来源：行业公开资料，联盟整理。

表 8.4 给出了 10 PB 数据保存 50 年时需要消耗的光盘成本和磁（硬）盘成本对比（不含软件升级费、维修费、磁带机费等），三种情况下分别对应着"（100%）BD 蓝光光盘、（40%）BD 蓝光光盘 +（60%）磁盘阵列、（100%）磁盘阵列"存储的情况，按档案数据的保存为 50 年计算，BD 蓝光光盘只需要"买入 1 次 + 写入 1 次"，磁（硬）盘需要"买入 10 次 + 写入 25 次"，磁带机需要"买入 4 次 + 写入 10 次 + 充磁 6 次"，在不考虑磁带机的买入、写入、充磁费用的情况下，完全采用 BD 蓝光光盘时的买入费用仅为磁存储方案的 6%。同样地，即使部分采用 BD 蓝光光盘存储方案，耗材成本也有相当程度的改善。

表 8.4　10 PB 数据保存 50 年时需要消耗的光盘成本和磁（硬）盘成本对比

存储方案	光盘费（万元）	硬盘费（万元）	成本合计（万元）	成本占比
100%BD 光盘	400		400	2%
40%BD 光盘 +60% 磁盘阵列	160	4 200	4 360	62%
100% 磁盘阵列 + 磁带		7 000	7 000	100%

注：① BD 蓝光光盘寿命超过 50 年；磁盘寿命 5 年，50 年需要更换 10 次；未计算磁带；
　　② 计算成本：BD 光盘 0.40 元 /GB、磁（硬）盘 0.70 元 /GB；③软件费、维修费等均未计算。
资料来源：行业公开资料，联盟整理。

从表 8.4 可以看出，如果按照 35 ZB 的数据总量进行测算，即使只有 1% 的数据采用光存储方案归档，也将达到 0.35 ZB 的数据量，完全采用 100 GB 容量的光盘时需要 35 亿张，完全采用 500 GB 容量的光盘时需要 7 亿张，完全采用 1 TB 容量的光盘时需要 3.5 亿张，哪怕把光存储归档的比例稍提高一点儿，也是一个巨大的光盘需求量。表 8.5 给出了不同光存储比例条件，使用不同规格光盘所需的光盘数量。

表 8.5　不同光存储比例条件，使用不同规格光盘所需光盘数量

光存储比例	归档存储数据总量 /ZB	使用不同规格光盘所需光盘数量 / 亿张				
		1TB 盘	500GB 盘	100GB 盘	50GB 盘	25GB 盘
5%	0.35	3.5	7	35	70	140
10%	0.7	7	14	70	140	280
20%	1.4	14	24	140	280	560
40%	2.8	28	56	280	560	840
60%	4.2	42	84	420	840	1 120
80%	5.6	56	112	560	1 120	1 400
100%	7.0	70	140	700	1 400	2 800

注：归档存储数据总量 = 7ZB，数据总量 = 35ZB。

资料来源：行业公开资料，联盟整理。

综上所述，可以得出下面的结论：

（1）云计算产业发展必须解决数据存储问题（或者说"数据房地产"），数据存储问题的解决必须建立在与地球资源和环境的可承受力相适应的基础上，在"安全存储、绿色存储、长寿命存储的概念内"获得解决。

（2）光存储作为安全存储、绿色存储、长寿命存储的最佳解决方案之一，将向大容量光盘方向发展，基于磁存储技术的旧数据中心需要向"融合磁光电存储技术"的大数据中心方向发展，大数据中心的建设方案需要建立在"安全、绿色、长寿命"的基础上，建立在与地球资源和环境的可承受力相适应的基础上。

（3）云计算产业中的存储解决方案，需要根据不同的环境、不同的场合、不同的目的、不同的应用，按照一定的比例优化组合，灵活地运用"磁光电存储技术""在大数据中心的概念内"解决存储问题。

（四）国内混合存储技术主要厂商

近几年，以软件为核心提升存储容量、降低能耗的行业发展趋势逐渐清晰，融合电、磁、光存储介质的存储设备及服务器市场竞争较为激烈，国内涉及该项技术的厂商也比较少，目前看主要有紫晶存储、北京易华录、中科凯迪等几家。

1. 紫晶存储

广东紫晶信息存储技术股份有限公司（简称紫晶存储）成立于 2010 年 4 月，是具有国内领先技术的大数据存储解决方案和信息技术服务的提供商，可为客户提供从咨询、设计、建设、运营一体化的端到端（end to end）信息技术服务方案。

紫晶公司是在国内云计算及大数据存储行业，拥有存储介质、存储设备、存储软件和不同行业解决方案的全系列产品，并且所有产品均为自主知识产权，真正实现国产化、完全自主可控，技术达到国际顶尖水平的光存储设备系统及服务提供商。紫晶公司是国内拥有专业蓝光存储介质技术和生产能力的高新技术企业，是国家光盘行业标准的起草单位，也是国家出版产品质量监督检测中心"蓝光检测实验室"的承办和运行管理单位。

紫晶存储核心技术包含以发明为主的数十项专利、软件著作权，以及相关的大数据蓝光存储系列产品，并为许多行业的大数据长效存储提供数据生命周期管理的系统解决方案，为大数据时代日益爆发的海量数据信息的存储、归档和备份提供有别于传统磁技术的新型蓝光存储技术和产品服务。

在 2015 年第 43 届日内瓦国际发明展览上，紫晶存储的主要产品 ZL 系列光盘库获得了发明金质奖的殊荣。表 8.6 为紫晶存储 ZL 12240P 产品参数。

表 8.6　紫晶存储 ZL 12240P 产品参数

盘片数	12240 片
最大存储容量	1.2PB
支持光驱数	2-32
光驱型号	支持所有型号光驱，推荐使用专业光驱
盘片规格	可使用各式 120 mm 的光盘，推荐使用档案级 BD-R 光盘
光盘平均装载时间	＜ 60 秒（12 片光盘）
接口	USB/USB 3.0/100 MB 以太网 / 可扩展万兆以太网
二次开发	支持
存储格式	支持所有数据库存及文件备份
操作系统	支持主流操作系统 Windows/Linux/UNIX
冗余	支持冗余，冗余级别可设置
数据传输速度	1152 Mb/s
待机功能	≤ 200W
尺寸（宽 × 高 × 深，mm）	800×2000×1000，19 英寸 42U 标准机柜
服务器	内置服务器，独立 IP 地址，支持网络存储
存储器	可选装 4U-8U 固态硬盘或磁盘存储阵列
重量	≤ 350 kg
电源电压及频率	100 ～ 240VAC；47 ～ 60 Hz
工作条件	操作温度：10 ～ 35℃ 温度变化：最大值 5℃ / 小时 相对空气温度：20% ～ 80%（无冷凝）
其他	平均故障间隔时间（控制电子部分）：＞ 2 000 000 POH 平均故障间隔次数（机械手）：＞ 5 000 000 次 安全标准：3C、CE、FCC

数据来源：紫晶存储官网，联盟整理。

紫晶存储的磁光电融合解决方案具有以下特点：

（1）稀缺性。紫晶存储是国内少数几家具有专业蓝光存储介质生产能力的高新技术企业之一。

（2）自主可控。紫晶存储多年来专注与光存储技术的深度开发，致力于推动光、电、磁存储技术融合，从存储介质到系统都实现了自主可控，整体技术达到国际先进技术。

（3）独创存取方式。紫晶存储的 ZL 系列产品碟片的存取方式是国内首创旋转式存取结构，具有高效、准确、快速的特点。

2. 中国华录

华录集团的前身是 1992 年 6 月经国务院批准成立的中国华录电子有限公司（以下简称中国华录）。中国华录经过不断的产业结构调整与产品结构调整，加大科研开发力量，构建了数字音视频终端、内容、服务三大产业板块，打造了高清视频产品体系为核心的产业链。

从 2008 年 8 月国内第一台蓝光整机在华录诞生，到目前中国华录已经形成了从光头、机芯、整机生产到销售的整条蓝光存储产业链。中国华录旗下拥有三十余家子分公司，业绩覆盖全国 30 个省、自治区、直辖市及多个海外城市，已为国内 300 多个城市及海外多个国家提供了技术服务，足迹横跨亚欧，拥有"中国智慧城市最具影响力企业""中国智能交通领军品牌"等殊荣。

3. 苏州互盟

NETZON（苏州互盟信息存储技术有限公司，简称苏州互盟）位于苏州市高新区科技城环保产业园，是 NETZON 磁光混合存储系列产品（光盘库、离线柜）的生产商，是全球领先的光盘库核心供应商。苏州互盟拥有专业级的光盘存储、光盘复制、盘面打印、特种证照打印等一系列存储、打印解决方案，提供 IP-SAN、NAS 等全线产品和应用软件。

信息化社会的飞速发展，直接导致了对数据存储容量的需求爆炸性增长。磁光混合存储系列产品（光盘库、离线柜）是现代大容量信息存储体系的核心设备之一,主要用于信息的长久保存和检索,在数字化文档影像的保存与管理、通信行业的信息存储、医疗信息化管理、公检法机关档案及音视频资料管理等领域有着广泛的应用。随着人们对数据安全性、法规遵从性、节能低碳等方面的要求不断提高,光盘库和离线柜作为海量信息安全存储设备,正发挥着越来越重要的作用。

苏州互盟所产的 NETZON 光盘库、离线柜继承了德国蔡斯(ZEISS)公司精密制造的优良工艺,经历了长期实际应用的检验,融合了根德(GRUNDIG)公司的产品设计和质量管理理念。经十余年的不断创新和改进,NETZON 光盘库、离线柜产品有着可靠性高,成本低,通用性强,易扩展,维护方便等优点,相对国际同类产品具有很强的竞争力。

苏州互盟对其产品拥有全部自主知识产权,产品取得多项发明及实用新型专利成果,在全球拥有完善的代理网络和培训、售后服务体系。苏州互盟有着一支国际化的专业产品研发和管理团队,引导着近线、离线存储的行业发展趋势。苏州互盟在全球范围内与行业知名增值代理商和系统集成商建立了长期的市场伙伴关系。坚持自主知识产权、致力于开拓创新,正逐步成为全球海量信息存储市场的领导者和技术创新的推动者。

4. 中科开迪

中科开迪(英文名称 KDS-CHINA)是一家从事大数据技术产品研发的创新型科技公司,成立于 2011 年,2015 年正式加入国际光盘归档协会。2016 年接受国际芯片巨头 Intel Capital 的投资和江苏省常州市龙城英才计划的扶持资金。

中科开迪致力于打造全球领先的磁光电融合架构的创新型产品,拥有 20 多项大数据技术关键产品、光存储服务器知识产权及专利,填补了我国在大数据领域光存储服务器技术的多项空白。

相比日本厂商和其他国外厂商,中科开迪优势主要是立足于在线、大容量、快速的复制,以及快速地进行数据迁移。

附录　我国光盘技术和产业的国家、行业与联盟的标准一览表

国家标准表

序号	标准号	中文标准名	实施日期	起草单位	备注
1	GB/T15860-1995	激光唱机通用技术条件	08/01/1996	原电子工业部第3研究所	
2	GB/T9002-1996	音频、视频和视听设备及系统词汇	10/01/1997	南京大学等	
3	GB/T16969-1997	信息技术只读120 mm数据光盘（CD-ROM）的数据交换	04/01/1998	清华大学光盘中心等	
4	GB/T16970-1997	信息处理信息交换用只读光盘存储器（CD-ROM）的盘卷和文卷结构	04/01/1998	原电子工业部第32研究所等	
5	GB/T16971-1997	信息技术信息交换用130 mm可重写盒式光盘	04/01/1998	成都电子科大学等	国内无产业
6	GB/T17234-1998	信息技术数据交换用90 mm可重写和只读盒式光盘	10/01/1998	中科院上海冶金所等	国内无产业
7	GB/T17576-1998	CD数字音频系统	06/01/1999	原电子工业部第3研究所	

（续表）

序号	标准号	中文标准名	实施日期	起草单位	备注
8	GB/T17704.1-1999	信息技术信息交换用130 mm一次写入盒式光盘第1部分未记录盒式光盘	10/01/1999	北京航空航天大学等	国内无产业
9	GB/T17704.2-1999	信息技术信息交换130 mm一次写入盒式光盘第2部分记录格式	10/01/1999	清华大学光盘中心等	国内无产业
10	GB/Z17979-2000	信息技术符合GB/T17234标准的盒式光盘有效使用的指南	08/01/2000	中科院上海冶金研究所等	
11	GB/T17933-1999	电子出版物术语	10/01/2000	中国标准化与信息分类编码研究所	
12	GB/T18140-2000	信息技术130 mm盒式光盘上的数据交换容量：每盒1 G字节	03/01/2001	成都电子科技大学等	国内无产业
13	GB/T18141-2000	信息技术130 mm一次写入多次读出磁光盒式光盘的信息交换	03/01/2001	清华大学光盘中心等	国内无产业
14	GB/Z18390-2001	信息技术90 mm盒式光盘测量技术指南	05/01/2002	北京航空航天大学等	
15	GB/T18807-2002	信息技术130 mm盒式光盘上的数据交换容量：每盒1.3 G字节	04/01/2003	成都电子科技大学等	国内无产业
16	GB/Z18808-2002	信息技术130 mm一次写入盒式光盘记录格式技术规范	04/01/2003	成都电子科技大学等	国内无产业
17	GB/T19731-2005	盒式光盘（ODC）装运包装以及光盘标签上的信息	10/01/2005	全国文献影像技术标准化技术委员会	

（续表）

序号	标准号	中文标准名	实施日期	起草单位	备注
18	GB/T19969-2005	信息技术信息交换用 130 mm 盒式光盘容量：每盒 2.6G 字节	05/01/2006	成都电子科技大学	国内无产业
19	GB/T 33662-2017	可录类出版物光盘 CD-R/DVD-R/DVD+R 常规检测参数	2017	中航御铭、新闻出版广电总局出版产品质量监督检测中心、清华大学光盘国家工程研究中心、北京保利星、广东紫晶、上海新索音乐、上海联合等	已发布
20	GB/T 33663-2017	只读类出版物光盘 CD、DVD 常规检测参数	2017	北京保利星、国家新闻出版广电总局出版产品质量监督检测中心、清华大学光盘国家工程研究中心、中航御铭、广东紫晶、上海新索、上海联合等	已发布
21	GB/T 33664-2017	CD、DVD 类出版物光盘复制质量检验评定规范	2017	国家新闻出版广电总局出版产品质量监督检测中心、清华大学光盘国家工程研究中心、北京保利星、中航御铭、上海新索、广东紫晶、上海联合等	已发布

行业标准（CY －新闻出版行业 SJ －信息电子行业 AVSA － AVS 联盟）表

序号	标准号	中文标准名	实施日期	起草单位	备注
1	CY/T37-2001	可记录光盘（CD-R）产品外观标识	2002-01-01	杭州大自然科技有限公司等	
2	CY/T38-2001	可记录光盘（CD-R）常规检测参数	2002-01-01	清华大学光盘中心等	
3	CY/T36-2001	电子出版物外观标识	2002-01-01	人民教育出版社	
4		光盘机装调工职业标准	2004-05-01	上海电子音响工业协会	
5		激光头制造工国家职业标准	2005-11-01	上海电子音响工业协会	
6		磁头制造工国家职工标准	2005-11-01	上海电子音响工业协会	
7	SJ20937-2005	光盘机通用规范	2006-06-01	原电子工业部第52研究所	军标
8	SJ20775-2000	军用磁光盘通用规范	2000-10-20	原电子工业部第52研究所	军标
9	SJ/T11321-2006	DVD/CD 只读光学头通用规范	2006-02-01	清华大学光盘中心等	
10	CY/T37-2007	可录类光盘产品外观标识	2007-09-29	北京保利星等	代替 CY/T37-2001
11	CY/T38-2007	可录类光盘 CD—R 常规检测参数	2007-09-29	清华大学光盘中心等	代替 CY/T38-2001
12	CY/T41-2007	可录类光盘 DVD—R/DVD+R 常规检测参数	2007-09-29	清华大学光盘中心等	
13	CY/T48.1-2008	音响制品质量技术要求第一部分：盒式磁带	2008-04-03	人民教育电子音像出版社	
14	CY/T48.2-2008	音响制品质量技术要求第二部分：数字音频光盘（CD-DA）	2008-04-03	人民教育电子音像出版社	

（续表）

序号	标准号	中文标准名	实施日期	起草单位	备注
15	CY/T48.3-2008	音响制品质量技术要求第三部分：VHS 像带	2008-04-03	人民教育电子音像出版社	
16	CY/T48.4-2008	音响制品质量技术要求第四部分：数字视频光盘（VCD）	2008-04-03	人民教育电子音像出版社	
17	CY/T48.5-2008	音响制品质量技术要求第五部分：多用途数字视频光盘（VCD-Video）	2008-04-03	人民教育电子音像出版社	
18	CY/T64-2009	只读类数字音频光盘 CD-DA 常规检测参数	2010-02-01	清华大学光盘中心等	
19	CY/T63-2009	只读类数据光盘 CD-ROM 常规检测参数	2010-02-01	清华大学光盘中心等	
20	CY/T65-2009	只读类数字视频光盘 VCD 常规检测参数	2010-02-01	清华大学光盘中心等	
21	CY/T66-2009	只读类光盘 VCD-Video 常规检测参数	2010-02-01	清华大学光盘中心等	
22	CY/T67-2009	只读类光盘 DVD-ROM 常规检测参数	2010-02-01	清华大学光盘中心等	
23	CY/T68-2009	光盘标识面印刷质量要求与检测方法	2010-02-01	上海联合光盘有限公司	
24	CY/T86-2012	只读类光盘模版常规检测参数	2012-03-19-	上海联合光盘有限公司	
25	CY/Z23-2012	光盘复制标准体系表（技术文件）	2012-03-19-	清华大学光盘中心等	
26	CY/T85-2012	光盘复制术语	2012-03-19-	清华大学光盘中心等	
27	AVSA1024.1-2014	面向移动存储的内容保护技术规范	2014-07-18	清华大学光盘中心等	

（续表）

序号	标准号	中文标准名	实施日期	起草单位	备注
28	CY/T107-2014	可录类光盘 DVD-R/DVD+R 存档寿命测评方法	2014-07-16	清华大学光盘中心等	
29	CY/T105-2014	光盘复制质量检测抽样规范	2014-07-16	新闻出版总署质检中心等	
30	CY/T106-2014	光盘复制质量检测评定规范	2014-07-16	新闻出版总署质检中心等	
31	CY/T108-2014	只读类蓝光光盘（BD）常规检测参数	2014-07-16	清华大学光盘中心等	
32	SJ/Txx.1-xxxx	高清光盘播放系统第1部分：只读光盘技术规范	2015	清华大学光盘中心等	

此表由清华大学光盘中心整理，供参考。

后　记

当前，信息安全是重要的国家战略，存储安全也得到了越来越多的重视。磁存储、光存储、电存储作为存储器领域的三大介质，既各自独立发展、互相竞争，又不断融合、互相促进。光存储作为一种重要的存储方式，经历了20世纪80年代起步到21世纪前十年快速发展、繁荣的阶段，又在互联网技术普及和其他存储介质的崛起中市场逐渐萎缩。现在，大数据时代来临，光存储凭借在安全、能耗、寿命、成本上的优势，再一次迎来了发展机遇。

多年来，尽管市场起起伏伏，但仍有一批专家、学者和企业家坚定地看好光存储产业，坚守这一领域并不断取得突破。在本书编写过程中，我们深刻感受到他们对光存储发自内心的热爱和连续奉献。当前，国家对信息化和工业化融合、大数据产业发展、信息安全、存储器安全可控等方面的工作十分重视，这对光存储产业发展是一次绝好的机会，对我国相关领域也是一次技术突破的重要时机。

本书得到了多位专家的倾力支持，原清华大学光盘国家工程研究中心主任潘龙法教授，武汉光电国家实验室副主任、信息存储系统教育部重点实验室主任、华中科技大学教授、博士生导师谢长生教授，北京理工大学信息光学研究室谭小地教授，华中科技大学光电实验室甘棕松教授、张静宇博士等都给予了悉心指导，为本书提出了宝贵的意见建议。在此，编委会向他们表示最诚挚的谢意！

作为具国内技术领先的大数据存储解决方案和信息技术服务提供商，广东紫晶信息存储技术股份有限公司的专家们在本书撰写中给予了大力支持，特此鸣谢！

　　限于时间，我们未能走访全部光存储企业，倾听所有企业家的心声，这是我们最大的遗憾。谨以此书同样感谢他们，感谢为我国光存储产业发展一直努力的人们！随着工业强基工程的不断推进，"一条龙"思想将贯穿产业链上下游的各环节，我们相信，依靠国家的实力，企业的投入，所有从业者的坚持和努力，我国的光存储产业一定会有更加辉煌的明天！

编委会

2018 年 8 月